Udo Bols

Mähdrescher

in Deutschland 1931 bis heute

Verlag Podszun-Motorbücher GmbH
Elisabethstraße 23-25, D-59929 Brilon
Herstellung Druckhaus Cramer, Greven
Internet: www.podszun-verlag.de
Email: info@podszun-verlag.de
ISBN 978-3-86133-407-1

Udo Bols

Mähdrescher

in Deutschland 1931 bis heute

Unter Mitarbeit von
Oliver Aust, Georg Dickschat, Robert Hilger
und Willi Max Jakobs

Band 3

Lanz
Massey Ferguson
Mengele
New Holland
Sampo Rosenlew

und andere

PODSZUN

Liebe Leserin, lieber Leser,

dies ist der dritte und letzte Band des Werkes „Mähdrescher in Deutschland 1931 bis heute". Im ersten Band werden die Hersteller Bautz, Claas, Dechentreiter, Fahr, Fella und Fendt vorgestellt. Der zweite Band dokumentiert die Marken Fiatagri (Laverda), Fortschritt (MDW), International (Case IH), John Deere und Koedel & Boehm.

Bei der Menge des verwendeten Materials, wegen der enormen Typenvielfalt und auf Grund teilweise widersprüchlicher Quellen können sich Fehler oder Unvollständigkeiten eingeschlichen haben. Deshalb bin ich für Korrekturen dankbar, die bei einer Neuauflage berücksichtigt werden können.

Viele Personen und Unternehmen halfen bei der Arbeit an dieser Dokumentation. Ihnen allen sage ich herzlich Dankeschön. Besonderer Dank gilt Oliver Aust (Rüthen-Kallenhardt), Michael Bach (Berlin), Georg Dickschat (Düsseldorf), Robert Hilger (Düsseldorf), Willi Max Jakobs (Düsseldorf), Wilhelm Lippl und Robert Mäusle (Mengele Agrartechnik, Waldstetten), Klaus Vollmar (WK-Verlag, Bad Salzuflen), Wolfgang Wagner (Hamburg) und Oswald Werner (John Deere Werke, Zweibrücken), die mit Rat und Tat zur Seite standen und Abbildungen zur Verfügung stellten. Dem Verlag Podszun Motorbücher GmbH und den Mitarbeiterinnen danke ich für die vorzügliche Zusammenarbeit.

Ihnen, liebe Leserin, lieber Leser, wünsche ich nun viel Vergnügen bei der Lektüre des Buches.

Udo Bols

Inhalt

Dieses Foto erschien 1955 in den „Mitteilungen für die Freunde der Heinrich Lanz AG Mannheim“

Lanz

„König von Mannheim" wurde er genannt: Firmengründer Heinrich Lanz (1838-1905)

Heinrich Lanz gehört zu den ganz Großen unter den Landtechnikpionieren. Er erkennt als erster in Deutschland, dass die Landwirtschaft eines Tages nicht mehr ohne die Technik auskommen wird. Als er 1859 in das Geschäft seines Vaters eintritt, will er Dreschmaschinen aus England einführen. Er ist davon überzeugt, dass solche Maschinen bei den deutschen Bauern guten Absatz finden werden. Vater Johann Peter Lanz erhebt Bedenken, er sträubt sich mit aller Kraft gegen diese Idee. Aber Heinrich setzt sich durch. Er holt eine landwirtschaftliche Maschine nach der anderen aus England und wird erster Vermittlungsagent für englische Maschinen in Deutschland. Die deutschen Bauern sind zwar skeptisch, aber Heinrich Lanz kann sie überzeugen. Das Geschäft kommt in Gang.

Noch im selben Jahr richtet Lanz eine Reparaturwerkstatt für die englischen Maschinen ein, die er mit zwei Arbeitern betreibt. Schon nach kurzer Zeit stellt Lanz sogar selbst Ersatzteile für die Maschinen her. Aber damit nicht genug: Lanz tüftelt am Reißbrett an eigenen Konstruktionen. Für eine Futterschneidemaschine erhält er das erste Patent. Jetzt kann er selbstständig produzieren.

Patent-Dampf-Dreschgarnitur von Heinrich Lanz mit Selbsteinleger und selbsttätig bindender Strohpresse

Wahrzeichen: Der Wasserturm mit einem Teil des Fabrikhofes

Erntezeit auf einem großen Gut: Ein Stich aus dem Jahr 1909

Der berühmte „Stahl-Lanz" (unten in Aktion) ist eine Stahl-Dreschmaschine mit angebautem Längsförderer, der für den Transport eingeschlagen werden kann. Angetrieben wird die Maschine vom Bulldog oder von einem Elektromotor. Damit die Garben gleichmäßig zugeführt werden können, wurden Selbsteinleger gebaut, die mit einer oder mit zwei Zuführwalzen ausgerüstet sind. Der Stahl-Lanz wurde noch 1953 auf der DLG-Ausstellung in Köln angeboten

1871 scheidet Heinrich Lanz aus dem Geschäft des Vaters aus und gründet seine eigene Firma, die „Heinrich Lanz & Co. zur Verbreitung verbesserter landwirtschaftlicher Maschinen". Seinen ersten Erfolg erzielt Lanz mit der Dampfdreschmaschine. 1871 sind in dem jungen Unternehmen 83 Mitarbeiter beschäftigt, zehn Jahre später sind es bereits 400 und um die Jahrhundertwende arbeiten rund 2 000 Menschen bei Lanz. Bei der Weltausstellung 1900 in Paris trumpfen die Mannheimer mit der größten Lokomobile der Welt auf.

1905 stirbt Heinrich Lanz, aber er hat sein Feld gut bestellt. Das Unternehmen boomt. Lanz entwickelt und baut genau die Geräte, die die Landwirtschaft braucht, um den stetig wachsenden Bedarf mit immer besserer Qualität zu decken. Das Werk wächst in einem enormen Tempo. 1910 zählt Lanz 4 200 Mitarbeiter, 95 000 Lokomobile und 600 000 andere landwirtschaftliche Geräte, darunter Göpel, Handdreschmaschinen, Dampfdreschmaschinen und Futterschneider, sind verkauft.

Das Jahr 1910 hat noch mehr zu bieten: Lanz beginnt mit dem Schlepperbau und stellt jetzt Landbaumotoren mit Anbaufräsen her.

1921 verlässt der erste Zweitakt-Rohölschlepper der Welt das Werk: der legendäre Bulldog ist geboren. Die robuste, einfach aufgebaute Maschine mit zunächst 12 PS wird zum Renner und verhilft Lanz zu Weltruf. Der anfangs nur mit Verdampfungskühlung gelieferte Bulldog erscheint 1928 mit Umlaufkühlung, Luftreifen und 35 PS.

Die Entwicklung von Mähdreschern beginnt bei Lanz bereits vor dem Zweiten Weltkrieg. 1938 wird der erste Prototyp eines gezogenen Mähdreschers vorgestellt, der von Schleppern über Zapfwellen oder mit Hilfe von Aufbaumotoren betrieben wird. Aber die große Zeit der Lanz-Mähdrescher sind die fünfziger Jahre. 1953 erscheinen die ersten serienmäßig gebauten Mähdrescher von Heinrich Lanz. Dann folgt der selbstfahrende Mähdrescher, der zu einem großen Erfolg wird. In zehn Stunden kann er etwa fünf Hektar mähen und dreschen – eine Revolution in der Erntetechnik.

1956 erwirbt der amerikanische Hersteller John Deere die Aktienmehrheit der Heinrich Lanz AG. Vier Jahre später, ein Jahr nach dem hundertjährigen Jubiläum, wird der Firmenname in John Deere Lanz AG geändert. 1967 wird „Lanz" völlig aufgegeben, das Unternehmen heißt jetzt John Deere Werke Mannheim.

Der Bulldog hat die Marke Lanz weltberühmt gemacht. Hier der 12-PS-Bulldog von 1921, links im Text der 35-PS-Typ von 1928. Unten: Lanz-Landbaumotor von 1912

Erster Prototyp eines Mähdreschers von Heinrich Lanz aus dem Jahr 1938. Damals war Kaff noch so wertvoll, dass dafür ein Spezialwagen angehängt wurde

Lanz Prototyp 1938-1939

Historisches Gespann: Gezogener Prototyp mit nachlaufendem Kaffwagen von Lanz beim Feldversuch 1939

Bei Lanz beginnt 1938 die Entwicklung eines Mähdreschers. Es handelt sich um einen gezogenen, zapfwellengetriebenen Längsfluss-Mähdrescher mit 100 cm Schnittbreite, der einen 25 PS starken Bulldog als Zugkraft und für den Antrieb benötigt. Lang- und Kurzstroh werden von einer Schwingkolbenpresse gebündelt, die gelenkig an der Dreschmaschine befestigt ist. Das Kaff wird in einem angehängten Spezialwagen befördert. Nur zwei Prototypen werden gebaut und in Feldversuchen getestet. Zur Serienproduktion kommt dieser Mähdrescher wegen Ausbruchs des Zweiten Weltkriegs nicht.

Lanz Prototyp von 1938. Der Absackstand wurde erst Mitte der sechziger Jahre durch den Korntank verdrängt

Lanz MD 180
1953-1954

Der erste serienmäßig gebaute Mähdrescher von Lanz kommt 1953 auf den Markt. Der MD 180 benötigt einen Zugschlepper mit mindestens 28 PS. Mit Aufbaumotor ohne Zapfwellenantrieb schafft das auch ein 16 PS Traktor. Der MD 180, der auf ein einachsiges Rahmenfahrgestell montiert ist, arbeitet im Längsfluss mit eingebauter Strohpresse. Die Schnittbreite beträgt 180 cm. Vier Hordenschüttler stehen zur Verfügung. Die 140 cm breite Dreschtrommel mit 50 cm Durchmesser leistet den Ausdrusch von rund 2 500 kg pro Stunde. Der Antrieb aller Aggregate erfolgt von der Hauptwelle über Keilriemen. Beim Hocken- und Schwadendrusch können alle Elemente der Bedienung von der Plattform des Absackstandes aus gesteuert werden.

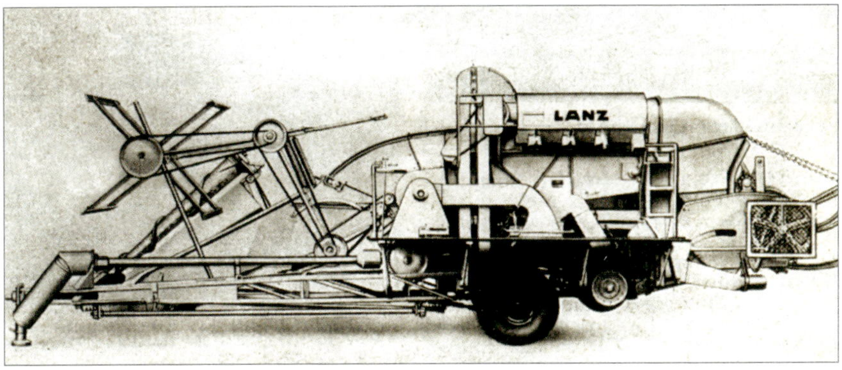

Der gezogene Frontschnittmähdrescher MD 180 schafft vier bis fünf Hektar in zehn Stunden. Mit Zapfwellenantrieb wird er für 9 850 DM angeboten

Für den MD 195 wurden etliche Bauelemente aus den bewährten Lanz-Dreschmaschinen verwendet

Lanz MD 195
1953-1958

Leicht modifiziert aber in der Grundbauart des MD 180 präsentiert Lanz den leistungsstärkeren MD 195. Das ist wieder ein Längsfluss-Mähdrescher mit 195 cm breitem Frontschnitt-Mähwerk. Bei Zapfwellenantrieb benötigt er eine Schlepperleistung von 30 bis 35 PS, mit Aufbaumotor etwa 20 PS. Die Trommel mit acht Schlagleisten ist 140 cm breit und misst 55 cm im Durchmesser. Die stündliche Körnerleistung im Mähdrusch beträgt etwa 2 500 kg. Mit Presse wiegt der MD 195 rund 2 800 kg. Außer Betrieb ist er 7 850 mm lang, 2 730 mm breit und und 2 720 mm hoch. Mit Presse kommt der MD 195 auf einen Preis von 12 650 DM. Ein verstellbarer Sortierzylinder kostet 692 DM zusätzlich und eine Haspel mit gesteuerten Zinken 250 DM.

Für den MD 195 ist bei Zapfwellenantrieb ein Traktor mit 30 bis 35 PS erforderlich, für bergiges Gelände reicht das allerdings nicht. Mit Aufbaumotor genügen 20 PS. In einem Verkaufsprospekt von Lanz heißt es: Unter den extrem ungünstigen Bedingungen der Ernte 1954 hat der Lanz-Mähdrescher hervorragende Leistungen gezeigt und sich als ein Spitzenerzeugnis neuzeitiger Landtechnik bewährt

Die Druckwindreinigung des MD 120 sorgt in Verbindung mit dem serienmäßig eingebauten Sortierzylinder für verkaufsfertige Marktware

Lanz MD 120
1954-1956

Mit dem MD 120 bringt Lanz einen gezogenen und zapfwellengetriebenen Kleinmähdrescher mit nur 120 cm Schnittbreite auf den Markt. Der Kraftbedarf ist so bemessen, dass die in den kleineren bis mittleren bäuerlichen Betrieben gebräuchlichen Schleppertypen als Zug- und Antriebskraft eingesetzt werden können. Der MD 120 schafft etwa zwei bis zweieinhalb Hektar in zehn Stunden, die Stundenleistung wird mit 12,5 Doppelzentner angegeben.

Lanz MD 14 Z
1956-1960

„Wussten Sie, dass der Lanz MD 14 Z der deutsche Mähdrescher mit dem niedrigsten Preis ist?“ Das fragt Lanz seine Kunden im Verkaufsprospekt zum MD 14 Z. Und in der Tat ist dieser Mähdrescher „für den bäuerlichen Betrieb“ so konzipiert, dass er sich bereits für Getreideflächen unter 25 Hektar rechnet. 1956 auf der DLG-Ausstellung wird der MD 14 Z zum Preis von 8 670 DM angeboten, inklusive Spreuabsackung. Für den Antrieb reicht ein Schlepper ab 22 PS. Die maximale stündliche Leistung beim Körnermähdrusch beträgt 1 400 kg. Die Bedienung des 120 cm Schneidwerks geschieht vom Fahrersitz aus, die Haspel wird vom Absackstand aus reguliert. Die Trommel mit sechs Schlagleisten ist 80 cm breit und hat 40 cm Durchmesser. Der MD 14 Z wiegt ohne Presse 1 550 kg, er ist außer Betrieb 7 100 mm lang, 2 450 mm breit und 2 650 mm hoch.

Strohpresse, Spreubergung, Standdruscheinrichtung und Sonderdruscheinrichtungen für Sämereien und Hülsenfrüchte sind für den MD 14 Z als Sonderausrüstung lieferbar

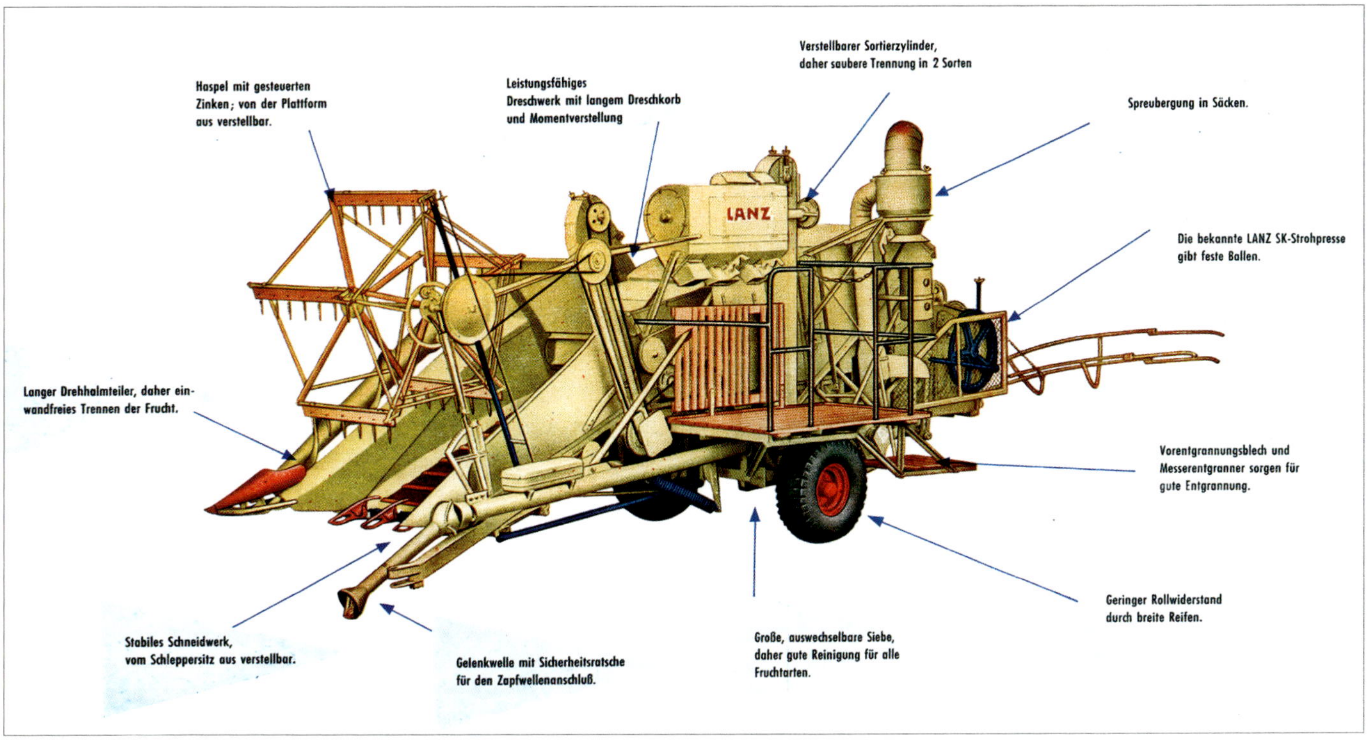

MÄHDRESCHER MD 14 Z
im Einsatz

Wendig, leichtzügig
und hangsicher.

Selbst schweres Lagergetreide
wird einwandfrei aufgenommen.

Saubere, kantige Ballen liefert die
eingebaute LANZ-SK-Presse.

Der sparsame LANZ-Bulldog
und der MD 14 Z bringen wirtschaftliches
Arbeiten bei hoher Flächenleistung.

Bequemes Umladen der Säcke,
da die Höhe des Absackstandes der
Ladehöhe üblicher Anhänger
entspricht.

Der Schlepperfahrer
hat gute Übersicht für die Bedienung
des Schneidwerkes.

Lanz MD 260 S
1954-1957

„Je weniger Arbeitskräfte und je weniger Arbeitszeit zur Getreideernte gebraucht werden, um so größer ist der finanzielle Erfolg. Durch den Einsatz eines selbstfahrenden Mähdreschers ist es möglich, Körner und Stroh mit geringem Arbeitsaufwand verlustfrei und schnell zu bergen." Das schreibt Lanz in dem Verkaufsprospekt seines ersten Selbstfahrers MD 260 S, der 1953 der Öffentlichkeit vorgestellt und ab 1954 in Serie gebaut wird.

Durch zweifache Saugwindreinigung und mittels Überkehrgebläse liefert der MD 260 S marktfertige Ware. Das Korn wird abgesackt und das ausgedroschene Stroh wird von dem vierteiligen Hordenschüttler ausgeschüttelt und gelangt über die Strohzuführung in die zweimal bindende SK-Presse. Die Strohballen werden seitlich auf das Feld abgelegt. Ist der MD 260 S mit Körnertank ausgestattet, wird nur der Fahrer als Arbeitskraft benötigt, eine zweite Arbeitskraft übernimmt das laufende Abfahren der Körner.

Das Schneidwerk arbeitet mit 260 cm Schnittbreite. Die Dreschtrommel mit acht Schlagleisten ist 140 cm breit, der Durchmesser beträgt 50 cm. Der Korntank, der anstelle des Sortierzylinders und des Absackstandes montiert werden kann, kann bis zu 20 Zentner Getreide aufnehmen. Den Antrieb besorgt ein 68 PS starker Dieselmotor. Beim Mähdrusch leistet der MD 260 S bis zu 3 000 kg Körner pro Stunde. Der Selbstfahrer wiegt etwa 4 800 kg und ist im Betriebszustand 8 630 mm lang, 3 170 mm breit und 3 200 mm hoch.

Zunächst war der neue Selbstfahrer als MD 240 S mit 240 cm Schnittbreite und 55 PS Motor, der vom Opel Kapitän stammte, konzipiert.

Das neue Frontschneidwerk nimmt auch schwerstes Lagergetreide spielend auf – heißt es im Lanz-Pressetext zum Selbstfahrer MD 260 S

Der Lanz MD 260 S zeigt, was in ihm steckt. Schneidwerk und Haspel werden hydraulisch höhen- und tiefenverstellt. Die Haspel ist mit verstellbaren Zinken ausgestattet. Sechs verschiedene Trommelgeschwindigkeiten stehen zur Verfügung. Auch der Sortierzylinder und die Größe der Strohpresse sind verstellbar. Durch die leichtgängige Hinterradlenkung mit engem Wendekreis ist es möglich, auch kleinste Schläge mühelos abzuernten

Ein nagelneuer MD 260 S in Transportstellung auf dem Weg zum Kunden, der dafür 28 500 DM zahlen musste, inklusive Presse. Ein Körnertank war zum Aufpreis von 396 DM lieferbar

Lanz MD 18 S
1956-1963

Der selbstfahrende MD 18 S mit der Arbeitsbreite von 194 cm ist für kleinere und mittlere bäuerliche Betriebe vorgesehen. Die Handhydraulik für Schneidwerk und Haspel wird vom Fahrersitz aus bedient. Die Trommel mit sechs Schlagleisten ist 80 cm breit, der Durchmesser beträgt 40 cm. Den Antrieb besorgt ein 34 PS starker Dieselmotor von Mercedes-Benz. Die Flächenleistung liegt bei vier Hektar in zehn Stunden, die Stundenleistung im Mähdrusch bei 1 800 kg. Im Betriebszustand ist der MD 18 S inklusive Presse 8 200 mm lang, 3 100 mm breit, 2 900 mm hoch und 2 745 kg schwer. Strohpresse und Standdruscheinrichtung sind Sonderausrüstungen.

Titel eines Verkaufsprospekts von 1956

Alle Hände voll zu tun gibt es auf dem Absackstand. Mit der zweimal bindenden Strohpresse, die als Sonderausrüstung lieferbar ist, verarbeitet der Lanz MD 18 S das Stroh zu Bündeln, die er seitwärts ablegt

Der Korntank ermöglicht die Ein-Mann-Arbeit beim Mähdrusch. Strohpresse und Strohhäcksler, angebaut zum wahlweisen Einsatz

Der MD 18 S wurde von 1956 bis 1963 gebaut und ist damit der am längsten produzierte Mähdrescher von Lanz. Die auf dieser Seite abgebildeten Typen tragen bereits die Beschriftung „John Deere Lanz“

Auf Wunsch kann für Gerste ein Spezialentgranner geliefert werden. Der Staubschutz erhöht den Fahrkomfort

LANZ Mähdrescher MD 35 S

Wer bei hoher Druschleistung Wert auf verkaufsfähige Frucht legt — wer unter schwierigen Boden- und Geländeverhältnissen mit wenig Mühe und geringen Betriebskosten sein Getreide verlustlos ernten will — kurz, wer höchste Ansprüche an den Mähdrescher stellt, wird im MD 35 S genau das finden, was er sucht.

Einwandfreie Frucht, auch bei Lager und Unkrautbesatz, garantiert die dreifache Reinigung mit ihrer großen Siebfläche. Durch die großen Durchgänge im Dreschkorb fallen über 90 % der Körner direkt auf ein Sandsieb. Dadurch werden die langen, vierteiligen Hordenschüttler nur noch unwesentlich mit Sortierarbeit belastet; sie sorgen auch bei starkem Strohanfall für restlose Ausschüttelung des Erntegutes. Die Hangstege auf den Sieben und Sammelböden sichern auch bei Hangarbeit eine gleichmäßige Beschickung der Siebe. Durch stufenlose Geschwindigkeitsregelung und Verstellung der Trommeldrehzahl kann die Maschine den unterschiedlichsten Druschbedingungen einwandfrei angepaßt werden. Hanglagen und aufgeweichte Böden bedeuten für Sie keine Schwierigkeit dank des starken Dieselmotors, der großen Bereifung und der Differentialsperre. Durch die verschiedenen Ausrüstungen — Pick-Up-Vorrichtung, Körnertank, Strohschneider, Einleger, Elektromotorenanbau usw. — können Sie das für Ihren Betrieb günstigste Arbeitsverfahren zusammenstellen.

Nach der Übernahme von Lanz durch John Deere 1956 folgt bis 1960 die sogenannte grün-gelbe Phase, in der die Maschinen nicht mehr gelb sondern im Wesentlichen grün lackiert sind (siehe oben). Die Markenbezeichnung Lanz bleibt allerdings zunächst erhalten. Während der MD 18 S noch eine Lanz-Produktion ist, fällt die Reihe MD 25 S, MD 35 S und MD 40 S in diese Übergangsperiode. Wie es mit John Deere weitergeht, dokumentiert der zweite Band dieses dreiteiligen Werkes über deutsche Mähdrescher

Massey Ferguson

Die Geschichte von Massey Ferguson beginnt mit zwei Männern aus Kanada: Daniel Massey und Alanson Harris. Beide gründen in Ontario Betriebe zur Fertigung einfacher landwirtschaftlicher Geräte. Massey im Jahr 1847, Harris zehn Jahre später. Beide entwickeln ihre Unternehmen unabhängig voneinander zu bedeutenden Herstellern von Erntemaschinen. Dabei kommen sie sich natürlich „ins Gehege", ein erbitterter Konkurrenzkampf beginnt. Schließlich siegt die Vernunft: Massey und Harris fusionieren 1891 zur Massey-Harris Company Limited. Eine Liebeshochzeit ist das nicht, aber der Beginn einer Weltkarriere. 1918 wird der berühmte Massey-Harris Nr. 1 Traktor eingeführt. 1938 präsentiert das Unternehmen den ersten und gleich sehr erfolgreichen selbstfahrenden Mähdrescher der Welt.

Der Aufstieg zu einem der weltweit leistungsstärksten Landtechnik-Unternehmen beginnt 1953. In diesem Jahr fusionieren Massey-Harris und Harry Ferguson zur Massey-Harris-Ferguson Company (MHF). Ferguson hatte Ende der dreißiger Jahre die Dreipunktaufhängung erfunden. Er arbeitete zunächst mit David Brown zusammen, anschließend mit

1953 erscheint, noch unter der Bezeichnung Massey-Harris, der gezogene Mähdrescher „Clipper", der mit Zapfwellenantrieb oder mit Aufbaumotor geliefert werden kann. Die Schnittbreite beträgt 180 cm, die Schnitthöhe 5 bis 85 cm und die Trommelbreite 150 cm. Länge über alles 5 700 mm, Breite über alles 3 480 mm.

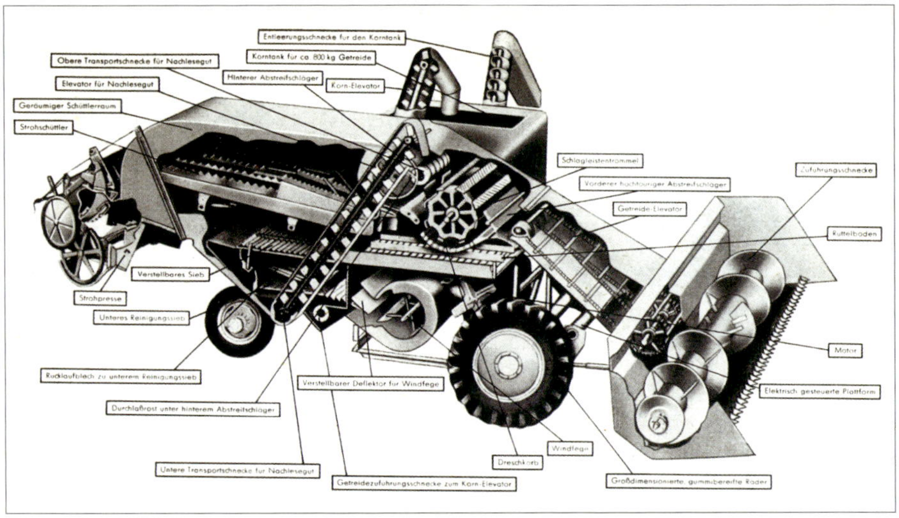

Auch der selbstfahrende Mähdrescher Nr. 780 erscheint 1952/53 noch unter dem alten Firmennamen Massey-Harris. Wegen des im Frontschnitt arbeitenden Schneidwerks kann ein Selbstfahrer eingesetzt werden, ohne dass zuvor angemäht werden muss

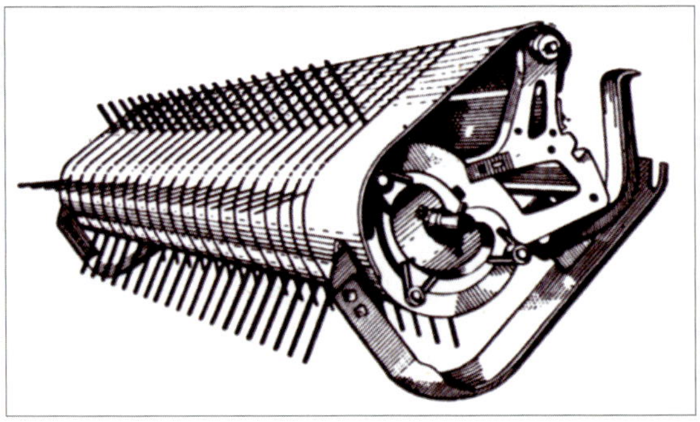

Der 56 PS Mähdrescher Nr. 780 hat eine Schnittbreite von 260 cm und eine Schnitthöhe von 5-75 cm. Er arbeitet nach dem Längsflussprinzip und ist mit Anbaupresse 3 350 kg schwer, 8 600 mm lang, 3 400 mm breit und 3 120 mm lang. Der Korntank fasst 1 100 Liter, die Dreschtrommel ist 820 mm breit

Die Pickup-Einrichtung (oben) kann statt der Haspel eingebaut werden, wenn Getreide oder Sämereien aus dem Schwad aufgenommen werden sollen.
Rechts: Spezialhaspel von Massey-Harris für Lagergetreide

Henry Ford, dessen Traktor Fordson N bereits mit der Dreipunktaufhängung ausgerüstet war. Diese Partnerschaft endet 1947, nachdem 300 000 Traktoren produziert worden waren.

1958 übernimmt MHF die Dieselmotorensparte von der Perkins Motor Company, dem größten Dieselmotorenhersteller der Welt. Im selben Jahr wird die Firmenbezeichnung geändert: Der Konzern heißt jetzt kurz und bündig Massey Ferguson (MF). 1962 verkauft das Unternehmen mehr Traktoren als jede andere Marke der westlichen Welt.

Seit 1995 gehört Massey Ferguson zu dem amerikanischen AGCO-Konzern, der 1997 auch die deutsche Marke Fendt übernommen hat. Seit 2007 ist außerdem Laverda zu 50 Prozent unter dem Dach von AGCO, ein italienischer Landmaschinenhersteller, der zuvor die deutschen Fella-Werke erworben hatte.

Die Geschichte der Massey Ferguson Mähdrescher in Deutschland beginnt, als das Unternehmen noch Massey-Harris heißt. Auf der DLG-Ausstellung Anfang Juni 1953 in Köln werden die selbstfahrenden Mähdrescher Nr. 890 und Nr. 780 ausgestellt. Es handelt sich um Frontschneider mit Absackstand, stufenloser Geschwindigkeitsregelung, tücherlosem Elevator, Moment-Tischverstellung und Anbaustrohpresse. Die Schnittbreite beträgt 290 cm bei dem Mähdrescher Nr. 890 und 260 cm beim kleineren Typ Nr. 780. Die Motoren leisten 66 PS beziehungsweise 56 PS. Die Preise liegen bei 27 248 DM und 21 995 DM, die Anbaupresse wird mit 1 890 DM extra berechnet. Erheblich günstiger ist der Typ Nr. 750 für Schlepperzug, der inklusive Aufbaumotor für 11 932 DM angeboten wird.

Massey Ferguson MD 630/630 S

1954-1960

Den ersten selbstfahrenden Bauernmähdrescher bringt MF 1954 auf den deutschen Markt. Der MD 630 ist eine kompakte Maschine, die auch auf kleineren Flächen produktiv arbeiten kann. Die stufenlose Geschwindigkeitsanpassung sorgt für eine gute Ausnutzung der Dreschleistung. Wegen der Frontschnecke und der Fördertrommeln ohne zusätzliche Tücher ist eine zwangsläufige Förderung des Getreides gewährleistet. So wird die Dreschtrommel auch bei unebenem Gelände gleichmäßig beschickt. Der 630 hat 160 cm Schnittbreite und kommt mit 23 PS aus. Er wiegt ohne Anbaustrohpresse 1 510 kg und kostet 11 800 DM. Die Strohpresse wird zum Preis von 1 165 DM extra berechnet.

1956 wird der 630 vom 630 S abgelöst, dessen wichtigstes Unterscheidungsmerkmal die Schnittbreite ist, die jetzt 175 cm beträgt. Die Schnitthöhe ist von 5-60 cm stufenlos verstellbar. Die Trommel ist 60 cm breit und hat 45 cm Durchmesser. Der 3-Hordenschüttler mit 2-fach Reinigung ist als Absack- oder Tankmaschine lieferbar. Der Korntank kann etwa 10 Zentner fassen. Den Antrieb besorgt ein 29 PS VW-Industriemotor. Das Gewicht des 630 S als Absackmaschine beträgt ohne Presse 1 745 kg. Die Tankmaschine wiegt etwas mehr: 1 815 kg. Der 630 S ist 6 000 mm lang, 2 370 mm breit und in der Tankversion 2760 mm hoch. Ein- oder zweimal bindende Anbaustrohpressen, Ährenheber, Pickup-Einrichtungen und Strohhäcksler sind u. a. als Zusatzausrüstung lieferbar.

Alle wichtigen Merkmale des MD 630 S auf einen Blick (oben): Anbau-Strohpresse, VW-Industriemotor, Korntank, Fahrerstand, offene Frontschnecke und der Schneidtisch, der über die Spurbreite hinausragt. Dadurch ist die Arbeit dicht an Hecken, Zäunen und dergleichen möglich

Mit 175 cm Schnittbreite und Körnerleistungen bis zu 25 Zentner pro Stunde entspricht der MD 630 S den Anforderungen eines bäuerlichen Familienbetriebs. Die Kastenbauweise bedingt das relativ niedrige Gewicht von 1 745 kg. Die MF Allzweck-Haspel (unten links) kann mit wenigen Handgriffen in Höhe, Angriffswinkel der Zinken und Drehzahl stufenlos verstellt werden. Der Tank lässt sich in drei Minuten entleeren (unten rechts)

Bei der Werbeanzeige im Katalog zu der DLG-Ausstellung 1956 (oben links) wird noch mit „Massey-Harris-Ferguson" firmiert und als Firmensitz Köln angegeben; Köln war seit 1928 der deutsche Standort von MF. 1959 (oben rechts) heißt es dann „Massey-Ferguson" in Kassel. Die Mähdrescher von MF wurden seit 1955 in Eschwege produziert, einer Kleinstadt östlich von Kassel nahe der früheren Grenze zur DDR

Massey Ferguson MD 685/685 S 1958-1961

Ein neuer Mähdrescher von Massey Ferguson erscheint 1958. Der Typ MD 685 kann wahlweise mit 56 PS Benzinmotor oder 62 PS Dieselmotor bezogen werden. Die Dreschleistung beträgt 50 Zentner pro Stunde. Der Anbau einer verstellbaren Ballenpresse ist möglich. Der mit Absackstand oder Korntank lieferbare Mähdrescher hat eine Schnittbreite von 250 cm und wiegt ohne Presse 2 970 kg. Der MD 685 kostet 18 900 DM in der Benzinversion und 20 550 DM mit Dieselmotor. Für die zweifach bindende Anbaustrohpresse werden zusätzlich 1 690 DM berechnet.

Der MD 685 S ist mit stufenloser Geschwindigkeitsregelung ausgestattet

In den sechziger Jahren wird der Absackstand immer mehr durch den Korntank verdrängt, wie bei diesem MF 892. Die Kurzbezeichnung „MD" (Mähdrescher) wird durch „MF" (Massey Ferguson) ersetzt

Massey Ferguson MF 892

1960-1964

Mit Korntank wird 1960 der MF 892 vorgestellt. Mit der Schnittbreite von 265 cm und der Dreschleistung von bis zu 100 Zentnern pro Stunde empfiehlt sich der MF 892 für größere Flächen. Er wird wahlweise mit 62 PS Benzin- oder 64 PS Dieselmotor geliefert. Der MF 892 wiegt 4 082 kg und kostet als Benziner 27 235 DM und als Diesel 28 835 DM. Die zweimal bindende Anbaustrohpresse wird zusätzlich mit 1 890 DM berechnet.

Die Pickup-Haspel des MF 30 arbeitet mit fünf Leisten mit Federzinken. Die Geschwindigkeitsverstellung ist stufenlos (16-32 U/min)

Massey Ferguson MF 30, MF 31

1962-1973

Der MF 30 ist für den bäuerlichen Familienbetrieb konzipiert, dafür spricht auch der Preis von 10 670 DM, mit dem Massey Ferguson kräftig wirbt: „... der preiswerteste selbstfahrende Mähdrescher". Die Schnittbreite beträgt 175 cm, die hydraulische verstellbare Schnitthöhe 5-60 cm. Dieser kleinste der MF-Mähdrescher schafft bis zu 25 Zentner in der Stunde. Die Trommel ist 60 cm breit und hat einen Durchmesser von 45 cm. Der mit drei Hordenschüttlern arbeitende MF 30 wird von einem 29 PS starken VW-Industriemotor angetrieben, als Alternative steht ein Perkins Dieselmotor zur Verfügung. Der Korntank kann zehn Zentner aufnehmen. In Transportstellung beträgt die Breite 2 370 mm, die Länge mit Haube 6 030 mm und die Höhe inklusive Korntank 2 760 mm. Das Ganze wiegt ohne die Presse 1 940 kg.

Ein Selbstfahrer, eigens entwickelt für die bäuerlichen Kleinbetriebe: MF 30.
Korntank und Tank-Absackvorrichtung werden serienmäßig geliefert

Der MF 31 ist für kleine und mittlere Schläge und Spezialkulturen ausgelegt. Er schneidet 185 cm breit und 5-72 cm hoch, wobei die Schnitthöhe hydraulisch verstellbar ist. Wie beim MF 30 ist die Trommel 60 cm breit, der Durchmesser ist mit 56 cm angegeben. Zwei Motorvarianten stehen zur Verfügung: Der 29 PS VW-Industriemotor, der auch beim MF 30 eingebaut ist, und ein 38 PS Perkins Dieselmotor. Der Korntank ist mit 15 Zentner Fassungsvermögen erheblich vergrößert. Die Maße: 260 cm Breite, 655 cm Länge, 270 cm Höhe und 2 350 kg Gewicht. Das alles hat seinen Preis: 14 175 DM für die Benzinausführung, 15 550 für den Diesel.

Die kurz gehaltenen Abteiler am Schneidwerk des MF 31 sollen die Halme einwandfrei trennen, das vermindert die Verluste beim Eckenmähen.
Unten: Echte Ein-Mann-Arbeit, auch beim Abladen des Korns

„Mehr noch als für Großbetriebe ist die Vereinfachung der Arbeit bei der Getreideernte eine entscheidende Forderung für Kleinbetriebe. Wer praktisch alles selbst oder mit wenigen Hilfskräften machen muss, braucht den modernen zuverlässigen, leistungsstarken Mähdrescher für die Ernte in Ein-Mann-Arbeit. MF bietet ihn, den Selbstfahrer." So heißt es in einem Werbeprospekt von 1963

Die Haspel des MF 31 kann schnell oder langsam drehend eingestellt werden, so wie es jeweils zur Verhinderung von Körnerausfall zweckmäßig ist. Die Haspel lässt sich außerdem um 80 mm vor oder zurück verschieben

Massey Ferguson MF 86, MF 87 1962-1967

Der MF 86 basiert auf einer verwindungssteifen Rahmenkonstruktion aus Profilstahl, punktgeschweißt. Viele Stahlteile sind feuerverzinkt. Der Fahrersitz ist höhenverstellbar, die Bedienungshebel sind „griffbequem" angeordnet

Diese beiden Mähdrescher sind auf mittelgroße Betriebe zugeschnitten. Der MF 86 schafft mit 230 cm Schnittbreite bis zu 50 Zentner in einer Stunde. Die Trommel ist 81 cm breit, der Trommeldurchmesser beträgt 56 cm. Der Korntank kann 24 Zentner aufnehmen, die Tankabsackvorrichtung ist auf Wunsch nachrüstbar. Drei Motoren stehen zur Wahl: Der 45 PS starke VW-Industriemotor, der Porsche-Industriemotor mit 51 PS und der 45 PS Perkins-Dieselmotor. Die Maße: 2 920 mm Breite, 7 000 mm Länge, 2 850 mm Höhe, 3 110 kg Gewicht. Als Zusatzausrüstung sind lieferbar: Zweifach bindende Anbau-Strohpresse, Schüttlerhaube, Ährenheber, Tücher-Pickup für Schwadaufnahme, Zusatzabteiler links, Tankauslaufverlängerung. Der MF 86 kostet mit Benzinmotor 17 670 DM, mit Dieselmotor 20 950 DM.

Der MF 87 ist, wie der MF 86, mit drei Schüttlern ausgestattet. Er hat 250 cm Schnittbreite, das Dreschwerk ist mit dem des MF 86 identisch und auch der Korntankinhalt unterscheidet sich nicht. Die Maße in Transportstellung: 2 880 mm Breite, 7 000 mm Länge, 3 140 mm Höhe, 3 480 kg Gewicht. Der MF 87 ist ausschließlich mit einem 64 PS leistenden Perkins-Dieselmotor lieferbar und wird zum Preis von 23 400 DM angeboten.

1963 arbeiten rund 2 700 Menschen im MF-Werk Eschwege und in der Hauptverwaltung Kassel. In der Herstellung von Mähdreschern und Schleppern steht MF mit an der Spitze der Weltproduktion.

Die Pickup-Haspel des MF 86 arbeitet mit fünf Haspelrohren, die Finger sind stufenlos auf Griff verstellbar. Die Haspel ist vom Fahrersitz aus stufenlos höhenverstellbar. Die Drehgeschwindigkeit ist zwischen 9 und 35 U/min stufenlos veränderlich

Oben ist der MF 86, unten und rechts der MF 87 abgebildet. Wegen ihres relativ geringen Eigengewichts und des tiefen Schwerpunkts sind diese Mittelklasse-Mähdrescher in der Lage, auch auf kleineren und engen Getreideschlägen effektiv zu arbeiten

Der MF 87 ist der erste deutsche Mähdrescher, der auf Wunsch mit hydrostatischem Fahrantrieb ausgerüstet wurde: Ohne Kuppeln und Schalten lässt sich die Geschwindigkeit stufenlos den Erfordernissen anpassen und die Fahrrichtung umkehren. Dadurch kann der Motor seine konstante Drehzahl beibehalten

Die Höhe der Pickup-Haspel des MF 500 ist hydraulisch verstellbar. Unten ist ein MF 500 noch im Jahr 2002 bei der Arbeit

Die Schnitthöhe des MF 99 ist hydraulisch bis 80 cm verstellbar, die Messergeschwindigkeit beträgt 470 Hübe pro Minute

Massey Ferguson MF 500

1963-1965

„Den Wunsch der großen, getreideanbauenden Betriebe und der Lohnunternehmen nach einem Hochleistungs-Selbstfahrer, der ausgereiften Komfort mit hoher Druschleistung verbindet, kann Massey Ferguson jetzt erfüllen. Die im Ausland bewährte Maschine MF 500 – von Praktikern und in der Fachpresse hervorragend beurteilt – ist jetzt in Deutschland lieferbar.“ So heißt es in einem Werbeprospekt, der im Oktober 1963 erscheint. Und in der Tat handelt es sich um eine gewaltige Maschine mit enormen Daten.

Bis zu maximal 10 Tonnen beträgt die Stundenleistung des MF 500 unter günstigen Voraussetzungen. Der Tank hat ein Fassungsvermögen von rund 40 Zentnern. Als Satteltank quer über der Maschine liegend hält er den Schwerpunkt niedrig. Der Sechszylinder Perkins Dieselmotor leistet 96 PS. Die Schnittbreite beträgt 360 cm, die Schnitthöhe 13,5 cm bis 101 cm. Die Schnitthöhe ist hydraulisch verstellbar. Die Pickup-Haspel verfügt über sechs Latten, die Geschwindigkeit ist vom Fahrersitz aus hydraulisch verstellbar.

Die Dreschtrommel ist 114 cm breit, hat einen Durchmesser von 56 cm und arbeitet mit acht Schlagleisten. Auch die Geschwindigkeit der Dreschtrommel ist vom Fahrersitz aus verstellbar. Die sechs offenen Hordenschüttler sind am Ende geschlossen. Der MF 500 ist 7 950 mm lang, 3 000 mm hoch und wiegt 5 400 kg. Alle beweglichen Teile sind aus Sicherheitsgründen abgedeckt.

Massey Ferguson MF 99 1965-1968

Ein Mähdrescher für mittelgroße bis größere Betriebe wird im August 1965 angekündigt: Der MF 99. Der Drei-Hordenschüttler wird mit Schnittbreiten von 265 cm und 285 cm angeboten. Er schafft eine Körnerleistung von bis zu 90 Zentner pro Stunde. Die Trommel ist 94 cm breit und hat 56 cm Durchmesser. Der Korntank fasst 32 Zentner. Für den Antrieb sorgt ein Perkins-Dieselmotor mit 70 PS. Die Maße in Transportstellung: 3 000 mm Breite bei Schnittbreite 265 cm, 3 460 mm Breite bei Schnittbreite 285 cm, 7 600 mm Länge, 2 740 mm Höhe und das Gewicht beträgt 4 600 kg.

Massey Ferguson MF 510, MF 515 1965-1970

Zwei Großmähdrescher der Spitzenklasse bringt Massey Ferguson in der zweiten Hälfte der sechziger Jahre auf den Markt. Der MF 510 ist ein Sechs-Schüttler mit Schnittbreiten von 300 und 360 cm. Die Trommel ist 114 cm breit und hat 56 cm Durchmesser. Der Sattelkorntank kann 48 Zentner aufnehmen, das Entleerungsrohr ist hydraulisch schwenkbar. Für die Kraft ist ein Sechszylinder Perkins Dieselmotor mit 96 PS zuständig. Der MF 510 bringt 5 500 kg auf die Waage, ist 3 350 mm breit bei Schnittbreite 300 cm, 3 960 mm breit bei Schnittbreite 360 cm, 7 950 mm lang und 3 140 mm hoch. Die Körnerleistung beträgt bis zu 200 Zentner pro Stunde.

Hier zeigt der MF 510 was er kann: Bis zu 200 Zentner pro Stunde. Das hat seinen Preis: 1968 wird der MF 510 für 39 875 DM angeboten

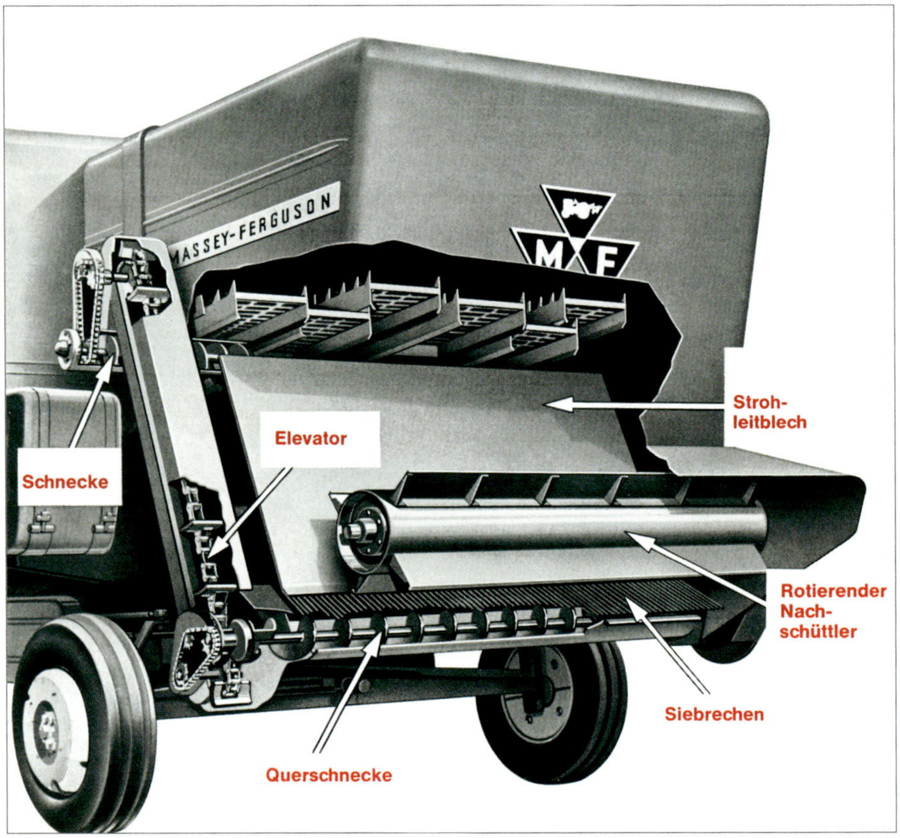

Der MF 515 übertrifft den MF 510 im Leistungsbereich um rund 15 Prozent. Das bewirkt vor allem der „Multiflow“, ein rotierender Nachschüttler, durch den die restlichen im Stroh verbleibenden Körner herausgeschlagen werden und mit Hilfe eines Elevators und einer Verteilerschnecke dem Rücklaufboden zugeleitet werden.

Der wegen des tiefen Schwerpunkts seitlich weit nach unten gezogene Sattelkorntank des MF 515 fasst, wie sein kleinerer Bruder, 48 Zentner. Auch die Trommelmaße und die Motordaten sind mit denen des MF 510 identisch. Das Schneidwerk wird nur mit einer Schnittbreite angeboten, die 420 cm beträgt. Die Abmessungen in Transportstellung: 2 870 mm Breite, 8 400 mm Länge, 3 210 mm Höhe und 6 350 kg Gewicht.

Der MF 515 bietet eine patentierte Kraftübertragung mit gleichmäßiger Verteilung der Antriebskraft auf beide Maschinenseiten und eine schlupflose Kraftübertragung des Dreschtrommelvariators. Die serienmäßigen Tischschnellkupplungen für Schneidwerk und Maispflückvorsatz sorgen für einen raschen Abbau des Schneidwerks, für das ein Transportwagen zum Befahren öffentlicher Straßen erhältlich ist

Massey Ferguson
MF 186, MF 187
1969-1975

Zu Beginn der siebziger Jahre ist Massey Ferguson der größte Hersteller von Mähdreschern, Traktoren und Dieselmotoren in der Welt. MF baut seit 120 Jahren Erntemaschinen. Die Mähdrescher von Massey Ferguson werden im MF-Konstruktionszentrum in Kassel entwickelt und in Eschwege gebaut. So auch die beiden Mittelklasse-Mähdrescher MF 186 und MF 187. Beide sind Drei-Hordenschüttler, beide sind mit hydraulisch verstellbaren Pickup-Haspeln mit fünf Leisten ausgerüstet, beide arbeiten mit 81 cm breiten Trommeln, die 56 cm Durchmesser haben und beide können in ihrem Korntank 34 Zentner bergen.

Der MF 186 hat eine Schnittbreite von 230 cm, der MF 187 verfügt über Schnittbreiten von 250 cm und 300 cm. Die Höhe, bis 78 cm, ist bei beiden Mähdreschern hydraulisch verstellbar, die Messergeschwindigkeit beträgt 510 Doppelhübe pro Minute.

Klar, dass auch bei diesen Mähdreschern die MF-eigenen Perkins-Dieselmotoren zum Einsatz kommen. Der MF 186 arbeitet mit 58 PS, der MF 187 mit 68 PS.

Die Abmessungen in Transportstellung: Die Breite beträgt bei beiden Typen 2 990 mm, die Höhe 3 060 mm. Der MF 186 ist 7 410 mm lang und 3 450 kg schwer, der MF 187 misst 7 500 mm und wiegt 3 550 kg.

Zusatzausrüstung: Ährenheber, Anbau-Strohhäcksler, Anbau-Strohpresse, Einrichtung für Schwadaufnahme, Tankauslaufverlängerung u. a.

Der Antrieb der Haspel des MF 186 ist stufenlos von 9-33 Umdrehungen in der Minute regulierbar

Der Dreschkorb des MF 186 arbeitet mit 12 Korbleisten, die Korbfläche beträgt 0,43 m^2, die Momentverstellung erfolgt durch einen Hebel vom Fahrersitz aus. Rechts wird die Sicht des Fahrers gezeigt, ganz rechts ist der MF 187 in seinem Element

Y·FERGUSON

MASSEY-FERGUSON

Drei Hordenschüttler mit ausziehbaren Verlängerungen
sorgen bei dem MF 187 für die Trennung letzter Körner vom Stroh.
Rücklaufböden führen die Körner dem Stufenboden zu

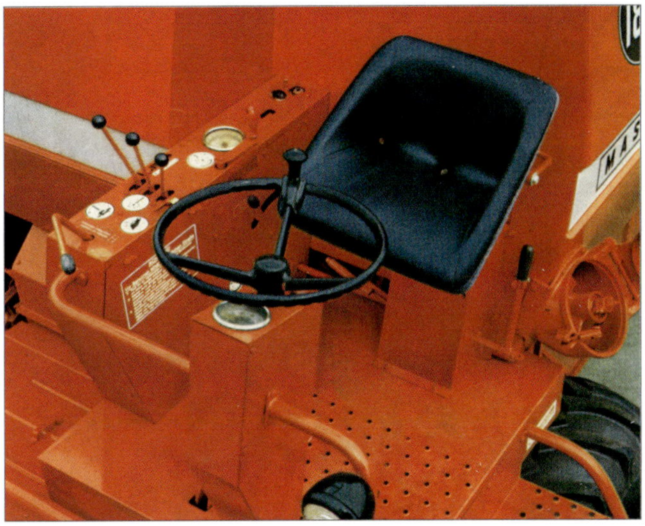

Hier zeigt der MF 187 sein Können am Hang. Rechts das „Cockpit“ des MF 187

Beim MF 187 kommt erstmals die von MF entwickelte „telescopic“ zum Einsatz. Der Mähdreschertisch kann einschließlich Messerbalken, Haspel und Einzugsschnecke wie ein Telescop auseinander- und zusammengefahren werden. Daraus ergeben sich zwei entscheidende Vorteile: Die veränderliche Schnittbreite ermöglicht die genaue Anpassung an die Art und Dichte des Erntebestandes. Und der Landwirt kann seinen Tisch wie ein Teleskop zusammenfahren. Damit wird die zulässige Gesamtbreite von drei Metern nicht überschritten

Der MF 87 in der Maisernte. Der Maispflückvorsatz hat eine stufenlose Reihenweitenverstellung, beweglich aufgehängte Abteilerspitzen, Schnellverschlüsse für Abteiler und Abteilerspitzen und eine Geschwindigkeitsverstellung der selbstspannenden Förderketten und der Pflückwalzen. In einem Werbeprospekt heißt es: „Alle Vorteile führen zum wichtigsten Merkmal der Pflückvorsätze: zur sauberen Aufnahme aller Pflanzen und zur schonenden Trennung von Stengel und Kolben."

Perfekte Technik – große Leistung

Durch Verschiebung der Pflückeinheiten verstellen Sie stufenlos die Reihenweite. Die selbstspannenden Förderketten reichen in der tiefsten Stellung bis auf den Boden und erfassen mit Sicherheit alle Maiskolben. Dafür sorgen auch die Spiralen am Ende der Pflückwalzen, die den Mais außerhalb der Reihen aufnehmen. Den Abstand zwischen Pflückschienen und Förderketten können Sie so verstellen, daß Sie grob- wie dünnstenglige Frucht gleich gut verarbeiten.

Serienmäßig beim MF 510/ MF 515: Schnellkupplung

Das Umrüsten auf den Pflückdrusch ist eine Angelegenheit weniger Minuten. Mit ein paar Handgriffen kann ein Mann allein das Schneidwerk des MF 510 und MF 515 gegen den Pflückvorsatz MF 33 oder MF 43 austauschen. Der Antrieb erfolgt über eine Steckkupplung, so daß bei der Montage weder Riemen noch Kette aufgelegt werden müssen.

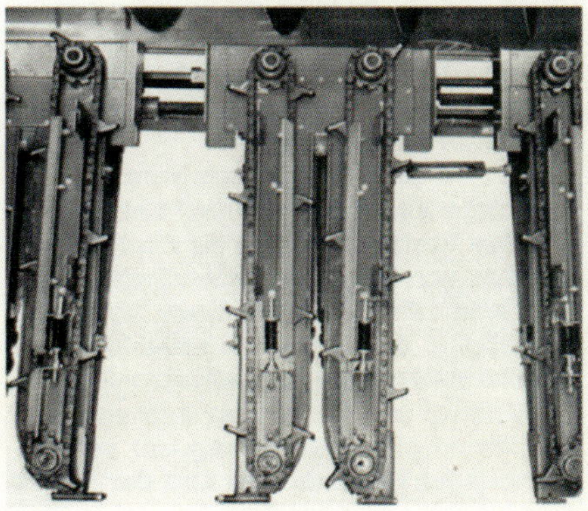

Transportproblem gelöst

Ein Transportproblem gibt es für die MF-Mähdrescher mit dem Maispflückvorsatz MF 33 oder 43 nicht. Die Mähdrescher MF 187/487/510/515 haben mit dem angebauten MF 33 Pflückvorsatz eine Transportbreite von unter 3 m. Der MF 43, der nur für die Typen MF 510/515 lieferbar ist, wird für den Transport auf öffentlichen Straßen auf dem Tischtransportwagen abgesetzt und hinter dem Mähdrescher transportiert. Damit ist sichergestellt, daß Sie die zulässige Transportbreite von 3,0 m nicht überschreiten.

Technische Daten

	MF 33	MF 43
Passend für Mähdrescher	MF 187, MF 487, MF 510, MF 515	MF 510, MF 515
Anzahl der Pflückreihen	3	4
Reihenbreite	von 68 – 82 cm, stufenlos einstellbar	von 68 – 82 cm, stufenlos einstellbar
Einzugsgeschwindigkeit der Förderketten	77,5, 93,9, 109 m/min	stufenlos einstellbar
Einzugsgeschwindigkeit einzustellen	durch Auswechseln von Keilriemenscheiben	Variator
Drehzahl der Pflückwalzen	750, 825, 900 U/min	750, 825, 900 U/min
Drehzahlverstellung	durch Auswechseln von Kettenrädern	durch Auswechseln von Kettenrädern
Gesamtbreite	2,80 m	3,58 m
Gewicht	ca. 980 kg	ca. 1200 kg

Maße, Gewichte, Abbildungen und technische Daten unverbindlich, Konstruktionsänderungen vorbehalten.

LANDTECHNIK

MASSEY-FERGUSON

Prospektblatt von Massey Ferguson über Maispflückvorsätze vom Mai 1970

Massey Ferguson MF 487 telescopic 1969-1973

Wie bereits der MF 187 ist der ebenfalls 1969 auf den Markt kommende MF 487 telescopic mit einem Schneidwerk ausgestattet, das teleskopartig zusammmengeschoben werden kann. Dadurch wird die Transportbreite verringert und bei schwierigen Ernteverhältnissen wie Lagergetreide kann die Schnittbreite angepasst werden.

Der 80 PS Perkins Dieselmotor ist hinter dem Korntank untergebracht. Dadurch ist der Geräuschpegel gesenkt. Ein rotierender Luftansaugkorb vor dem Motorkühler verhindert das Zusetzen mit Stroh- und Kaffteilen

Der MF 487 telescopic ist ein Mähdrescher der oberen Leistungsklasse. Zwei Schneidwerke werden angeboten: Das telescopic 10 Fuß mit verstellbarer Arbeitsbreite von 250 cm auf 300 cm und das telescopic 12 Fuß mit verstellbarer Arbeitsbreite von 250 cm auf 300 cm und 350 cm. Bei beiden Varianten ist die Transportbreite 299 cm. Die Schnitthöhenverstellung bis 78 cm funktioniert hydraulisch, die Messergeschwindigkeit beträgt 510 Doppelhübe pro Minute.

Die 107 cm breite Dreschtrommel hat einen Durchmesser von 56 cm und arbeitet mit acht Schlagleisten. Der Drehzahlbereich von 405 bis 1 115 U/min ist durch den Trommelvariator mit nachgeschaltetem Zweiganggetriebe vom Fahrersitz aus verstellbar. Weitere Daten: Fünf Hordenschüttler, 4,24 m^2 Schüttlerfläche, 2 500 Liter Korntankinhalt, 80 PS Vierzylinder Perkins Dieselmotor, Dreiganggetriebe, Fahrgeschwindigkeit hydraulisch regulierbar.

Der 487 telescopic ist in Transportstellung 7 700 mm lang, in Arbeitsstellung 7 540 mm lang, in Transportstellung 2 990 mm breit, 3 100 mm hoch und wiegt 4 300 kg.

487
MASSEY-FERGUSON
telescopic

Der Korntank des MF 487 telescopic kann 2 000 kg Weizen aufnehmen und wird in 112 Sekunden abgetankt. Wahlweise ist eine vollständige Korntankabdeckung mit Schauklappe lieferbar

Massey Ferguson MF 520, MF 525 1971-1974

Mit dem MF 520 und dem MF 525 bringt Massey Ferguson zwei Großmähdrescher auf den Markt, die in der Tat für Großbetriebe und Lohnunternehmen konzipiert sind. Beide haben ein Schneidwerk mit Schnellkupplungseinrichtung, der MF 520 mit Schnittbreiten von 300 oder 360 cm, der MF 525 mit 360 oder 420 cm. Die Schnitthöhenverstellung funktioniert hydraulisch und automatisch durch Bodenabtastung. Für den Antrieb beider Mähdrescher ist der 103 PS starke Sechszylinder Perkins Dieselmotor zuständig. Die serienmäßige Multiflow Einrichtung, ein zusätzlicher rotierender Nachschüttler, soll noch das letzte Korn vom Stroh trennen.

Der Sattelkorntank mit seinen tief herabgezogenen Tankhälften fasst 3 100 Liter, etwa 50 Zentner Weizen. Die Entleerung geschieht in 90 Sekunden über das hydraulisch schwenkbare Entleerungsrohr. Die Dreschtrommel ist 114 cm breit, der Durchmesser beträgt 56 cm bei acht Schlagleisten. Die sechs offenen Hordenschüttler ergeben eine Schüttlerfläche von 4,8 m².

Der MF 520 mit Korntank-Abdeckplane mit Sichtfenster, unten die Kommandozentrale des MF 520, ganz unten das Spitzenmodell MF 525

520
520 MASSEY-FERGUSON

520

MF 520 im Einsatz. Die Haspel ist in der Höhe, in der Horizontalen und in der Drehzahl vom Fahrersitz aus hydraulisch verstellbar. Auch die Einzugsschnecke, serienmäßig mit Exzenterfingern, kann in der Höhe und in der Drehzahl verstellt werden. Der mit drei Ketten ausgerüstete Einzugselevator ist mit Universal-Förderleisten versehen. Damit eignet er sich ohne Umbau für Getreide- und Maisdrusch. Zum Schutz der Einzugs- und Dreschorgane gibt es den handbetätigten „Sofortstop" und die Steinfangmulde vor dem Dreschkorb. Etwa 90 Prozent des Getreides werden im Dreschwerk abgeschieden. Das liegt an dem großen Durchmesser der Trommel (56 cm bei acht Schlagleisten) und an der relativ großen Korbfläche (etwa 0,6 m^2)

Im Maiseinsatz

Maisdrusch ist eine Spezialität der MF-Mähdrescher

Wir erwähnten schon, daß der MF 520 konstruktiv bereits so ausgelegt ist, daß er ohne großen Umbau sofort für den Maisdrusch eingesetzt werden kann. Das ist ein Vorteil, wenn es gilt, den MF 520 für den Maisdrusch startklar zu machen. Die Dreschtrommel wird lediglich mit 8 Blechen abgedeckt, Einzugskanal und Dreschkorb benötigen keinen Umbau!

Maispflückvorsatz MF 43 für den Mähdrescher MF 520: problemloser Tischwechsel in wenigen Minuten

Das Umrüsten auf den Pflückdrusch ist eine Angelegenheit weniger Minuten. Mit ein paar Handgriffen kann ein Mann allein das Schneidwerk gegen den Pflückvorsatz MF 43 austauschen. Der Antrieb erfolgt über eine Steckkupplung, so daß bei der Montage weder Riemen noch Kette aufgelegt werden müssen.

Perfekte Technik – große Leistung

Durch Verschiebung der Pflückeinheiten verstellen Sie stufenlos die Reihenweite von 68 – 82 cm. Die selbstspannenden Förderketten reichen in der tiefsten Stellung bis auf den Boden und erfassen mit Sicherheit alle Maiskolben. Dafür sorgen auch die Spiralen am Ende der Pflückwalzen, die den Mais außerhalb der Reihen aufnehmen. Den Abstand zwischen Pflückschienen und Förderketten können Sie so verstellen, daß Sie grob- wie dünnstenglige Frucht gleich gut verarbeiten. Also einfach normalen Schneidtisch gegen den vierreihigen Maispflückvorsatz MF 43 austauschen – die Maisernte kann beginnen!

Aus einem Werbeprospekt des MF 520 von 1974

Der MF 520, hier mit Kabine, hat einen 3 100 Liter-Tank, der etwa 50 Zentner Weizen aufnimmt, ...

... die er in 90 Sekunden über das hydraulisch schwenkbare Entleerungsrohr absetzen kann

1973 werden die Großmähdrescher MF 520 und MF 525 ergänzt durch die Typen MF 620 und MF 625, die mit Schnittbreiten bis zu 490 cm aufwarten

Massey Ferguson MF 507 1973-1976

Auch noch zu den Großmähdreschern zählt der MF 507, der 1973 neu auf den Mark kommt. Er ist mit 300 cm oder 360 cm breiten Schnellkuppler-Schneidwerken lieferbar. Das 107 cm breite Dreschwerk arbeitet mit einer 56 cm starken Dreschtrommel und einem Variator mit nachgeschaltetem Zweigang-Getriebe. 95 Prozent aller Körner werden im 0,52 m^2 großen Dreschkorb ausgeschieden. Der Schüttler hat eine Fläche von 4,71 m^2, der Korntank reicht für 40 Zentner Weizen. Hinter dem allen steht die Kraft eines 94 PS starken Perkins Dieselmotors.

Der Großmähdrescher MF 507 arbeitet mit einer robusten Pickup-Haspel, deren Zinken den Boden in der tiefsten Stellung berühren

Der MF 507 in seinem Element. Das gereinigte Korn wird mit dem Entleerungsrohr in den Ladewagen getankt

507
MF

Massey Ferguson MF 307

1974-1978

Für Familienbetriebe und mittlere Unternehmen kommt der MF 307 auf den Markt. Das für alle Getreidearten geeignete Schneidwerk ist 250 cm breit. Die Messergeschwindigkeit beträgt 510 Doppelhübe pro Minute, die hydraulisch höhenverstellbare Haspel mit fünf Leisten arbeitet mit gesteuerten Zinken, die sich nach vorn, hinten oder seitlich verstellen lassen.

Für eine möglichst gleichmäßige Beschickung des Dreschwerks sorgen die höhenverstellbare offene Einzugsschnecke mit wartungsfreien Einzugsfingern und der pendelnd aufgehängte Kettenelevator im Einzugskanal. Dieser Kettenförderer arbeitet mit zwei geschlossenen Leittrommeln, die Wicklergefahr ausschließen.

Die 81 cm breite Dreschtrommel mit acht Schlagleisten hat 56 cm Durchmesser. Vier geschlossene Hordenschüttler mit einer Gesamtschüttlerfläche von 3,41 m^2 beziehungsweise 3,57 m^2 mit herausgezogener Verlängerung sind dafür verantwortlich, dass sich die Strohmassen zu einem breiten und flachen Strohteppich ausbreiten. Durch diesen dünnen Strohteppich sollen auch die letzten Körner auf den Schüttler-Rücklaufboden fallen.

Der Korntank hat ein Fassungsvermögen von 2 300 Liter, das entspricht 1 750 kg Weizen. Der Vierzylinder Perkins Dieselmotor leistet 76 PS. Die Maße: 7 650 mm Länge bei Transport, 7 510 mm Länge in Arbeitsstellung, 2 990 mm Breite, 2 970 mm Höhe bei abgenommenem Luftvorreiniger, 4 400 kg Gewicht und 35 cm Bodenfreiheit.

Mittelklassemähdrescher MF 307. Die Gleitkufen des Schneidwerks sind auswechselbar. Messerantrieb über Getriebe mit Schwungscheibe. Die Pickup-Drehzahl ist vom Fahrersitz aus verstellbar. Der Schüttler ist 29 Prozent breiter als die Dreschkammer. Korn-Spreu-Vorsortierung auf langem Stufenboden. Zwillingsgebläse mit gleichmäßiger Windführung über volle Siebbreite und -länge. Verstellbares Lamellen-Obersieb. Alle Kontrollinstrumente sind rechts neben dem Fahrersitz angeordnet, damit die linke Hand zum Lenken frei bleibt

Rund 2 000 kg Weizen kann der Korntank des MF 506 aufnehmen. Die Reinigung ist mit einem Drillingsgebläse mit gleichmäßiger Windführung über die volle Siebbreite und -länge ausgerüstet. Unten: Titelblatt eines Werbeprospektes aus dem Jahr 1976

Massey Ferguson MF 506

1976-1980

Der MF 506 ist serienmäßig mit einem 300 cm breiten Schnellkupplungstisch ausgerüstet, der in wenigen Minuten an- und abgebaut werden kann. Steile Halmteiler sollen durch sorgfältige Halmtrennung ein Stopfen verhindern. Für die relativ hohe Messergeschwindigkeit von 550 Doppelhüben pro Minute sorgt ein Taumelantrieb. Die nach unten geneigten Mähfinger wirken wie kleine Ährenheber. Die weit vor das Messer gesetzte Haspel arbeitet mit verstellbaren Zinken. Die Haspeldrehzahl kann durch den hydraulisch betätigten Variator an wechselnde Mähbedingungen angepasst werden.

Die Dreschtrommel mit acht Schlagleisten hat einen Durchmesser von 56 cm und ist 107 cm breit. Der Fünf-Hordenschüttler bietet mit Verlängerung 4,45 m^2 Fläche. Der Korntank fasst 2 500 Liter, beziehungsweise etwa 2 000 kg Weizen, das Entleerungsrohr hat 301 cm Auslaufhöhe.

Für den Antrieb des MF 506 ist ein Perkins Dieselmotor mit 83 PS zuständig, dessen Kühler von einem rotierenden Luftansaugkorb vor Verschmutzung geschützt wird.

Der MF 506 ist ohne Schneidwerk 6 100 mm lang, in Arbeitsstellung 8 100 mm lang, in Transportstellung 2 990 mm hoch, hat eine Bodenfreiheit von 36 cm und wiegt rund 5 120 kg.

Als Zusatzausrüstung sind unter anderem ein einachsiger Anhhänger für den Tisch erhältlich, ein Anbaustrohhäcksler, eine Korntankabdeckung und eine Vollkabine.

Die Schnitthöhenverstellung, die Fahrgeschwindigkeit, die Haspelhöhenverstellung und die Haspelgeschwindigkeit sind beim MF 506 hydraulisch gesteuert. Der gefederte Fahrersitz ist längs- und höhenverstellbar. Unten: So sieht der MF 506 aus, wenn er seinen Tisch im Schlepp führt

Zusatzausrüstungen

Massey Ferguson MF 506

Für den Schwaddrusch von ausfallempfindlichen Fruchtarten und Sonderkulturen wie Raps, Grassamen, Klee, Bohnen und Erbsen erhalten Sie für Ihren MF 506 selbstverständlich auch eine Trommel-Pick-up-Vorrichtung.

Der Anbaustrohhäcksler MF 116 – Rotorbreite 1,35 m – paßt zum MF 506. Die Häcksellänge läßt sich durch Verstellen des feststehenden Messerkammes je nach Bedarf verändern. Dank hoher Rotordrehzahl kann sehr kurz gehäckselt werden. Der Vorteil: störungsfreies Einarbeiten des Strohes.

Sicheren Schutz gegen Staub und Spreu bietet die Vollkabine mit ihrer dicht schließenden Tür. Das starke Gebläse saugt gefilterte Frischluft an. Geräusch wird durch schallschluckende Verkleidungen gedämpft. Gummipuffer zwischen Kabine und Mähdrescher verhindern Vibration.

Für den MF 506 ist kein Feldweg zu schmal. Dank der Schnellkupplung ist der Schneidtisch in wenigen Minuten auf einem Tischwagen abgelegt.
Dieser Tischwagen wird an die Maschine gehängt und so mitgeführt.

Als weitere Zusatzausrüstung zum MF 506 erhalten Sie Ährenheber, Zusatzabteiler, eine Langschneidvorrichtung und eine Korntankabdeckung.

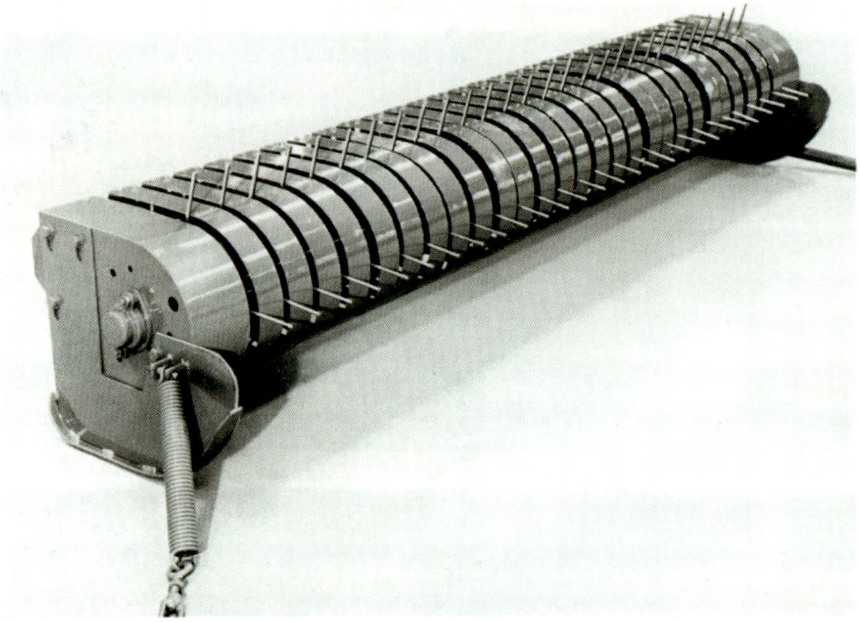

Trommel-Pick-up

Tischwagen

Komfortkabine

Anbaustrohhäcksler

Korntankabdeckung

Massey Ferguson MF 760
1977-1983

In einem MF-Werbeprospekt von 1978 heißt es: „Nach einer Umfrage der wichtigsten Landwirtschaftskammern und Landwirtschaftsämter im Jahr 1977 wurde der MF 760 als der leistungsfähigste Großmähdrescher auf dem deutschen Markt ermittelt." In der Tat: Der MF 760 wartet mit beeindruckenden Leistungsmerkmalen auf. Außerdem hat er neuartige Aggregate wie Paddelelevator und eine schwere Gusstrommel zu bieten. Die neue Fahrerkabine ist mit Klimaanlage ausgestattet.

Zwei Schnittbreiten werden angeboten: 490 cm und 550 cm. Die Dreschtrommel ist 152 cm breit und hat 56 cm Durchmesser. Der Schüttler verfügt über sechs unten offene Horden. In den Korntank passen 6 340 Liter beziehungsweise fünf Tonnen Weizen. Das Entleerungsrohr ist hydraulisch schwenkbar, der Korntankauslauf auf 325 cm Höhe.

Der Perkins V8-Dieselmotor arbeitet mit 170 PS, der Kraftstofftank kann 340 Liter aufnehmen. Fahrantrieb und Lenkung sind hydrostatisch, die Bremsen hydraulisch. Der MF 760 ist in Arbeitsstellung 8 900 mm lang, in Transportstellung 7 120 mm. Die Breite in Transportstellung mit Aufstiegsleiter beträgt 3 570 mm, die Höhe 3 640 mm, der Radstand 4 140 mm und die Bodenfreiheit 420 mm.

Als Zusatzausrüstung werden angeboten: fünf- oder sechsreihige Maispflückvorsätze (Antrieb über Steckkupplung, Pickup, Transportwagen für Schneidwerk, Strohhäcksler und eine Korntankabdeckung.

MF 760. Zum Körnermaisdrusch wird das Getreideschneidwerk gegen einen Maispflücker mit wenigen Handgriffen ausgetauscht. MF verspricht in einer Werbebroschüre „... den ungehinderten Zugang zu allen wichtigen Aggregaten"

Das Universal-Langschneidwerk des MF 760 ist für alle Einsatzverhältnisse wie stehende Halmfrucht oder schweres Lagergetreide ausgelegt. Das Erntegut wird durch den „Paddelelevator" mit seinen fünf rotierenden Schlägern mit Gummileisten recht schonend zum Dreschwerk geführt

Massey Ferguson MF 240

1979-1983

Mit seinem 250 cm breiten Schneidwerk, der 81 cm breiten Dreschtrommel mit 56 cm Durchmesser und mit drei Schüttlern ist der MF 240 auf kleine Betriebe abgestimmt. Der Korntank fasst 2 300 Liter, die Auslaufhöhe des Entleerungsrohrs beträgt 268 cm. Der Vierzylindermotor von Perkins leistet 68 PS. In Transportstellung hat der MF 240 eine Länge von 7 650 mm, eine Breite von 2 990 mm und eine Höhe von 2 910 mm. Das Gewicht beläuft sich auf 4 150 kg.

MF 240 (oben und unten) in Aktion. Der Fahrerstand ist bei allen MF-Mähdreschern links angeordnet, dadurch bleibt der Zugang zum Dreschwerk frei. Das erleichtert die Wartungs- und Pflegearbeiten

Massey Ferguson MF 440

1979-1983

Für mittlere Betriebe bringt Massey Ferguson 1979 den MF 440 mit 300 cm Schnittbreite auf den Markt und verspricht „Mähdrescherfahren wie nie zuvor". Der hydrostatische Haspelantrieb ist vom Fahrersitz aus elektrisch verstellbar. Die acht Schlagleisten zählende Dreschtrommel ist 107 cm breit, der Durchmesser beträgt 56 cm. Vier geschlossene Horden ergeben mit Verlängerung eine Schüttlerfläche von 3,40 m². Der Korntank hat, wie der des MF 240, ein Fassungsvermögen von 2 300 Liter. Das reicht für etwa 1 840 kg Weizen. Der Perkins Motor ist 83 PS stark. Ohne Tisch ist dieser Mittelklasse-Mähdrescher 2 970 mm breit, 6 040 mm lang und 2 970 mm hoch und wiegt rund 5 350 kg. Anbaustrohhäcksler und Tischtransportwagen gehören zur Zusatzausrüstung.

Der MF 440 ist mit hydrostatischem Haspelantrieb ausgestattet, der mit eigener Pumpe und eigenem Ölkreislauf arbeitet, unabhängig von der übrigen Hydraulikanlage. Vom Fahrerstand aus kann die Haspel-Drehzahl reguliert werden

Besonderheiten

Der MF 440 hat einen modernen Komfortsitz, der in Höhe und Abstand zum Lenkrad sowie auf das Gewicht des Fahrers einstellbar ist.
Durch stabile Gummiblöcke an den Befestigungspunkten des Motors wird der Mähdrescher wirksam gegen Vibrationen und Vibrationsgeräusche geschützt.

Über die Aufstiegsleiter kommt der Fahrer leicht an die Wartungsstellen des Motors sowie an die Batterie heran.
Durch den großen Inspektionsdeckel an der Rückwand der Schüttlerhaube sind die Schüttlerhorden leicht zugänglich.
Vorteilhaft für den wechselnden Drusch von Saatgetreide sind die Reinigungsklappen unter der Körner- und Überkehrschnecke.
Durch die großzügigen Abmessungen kommt man an alle wichtigen Aggregate leicht heran. Der geringe Wartungsanspruch entlastet den Fahrer und erhöht ganz wesentlich die Flächenleistung des Mähdreschers.

Massey Ferguson MF 530, MF 560 1979-1983

Die beiden Mittelklasse-Mähdrescher MF 530 und MF 560 sind jeweils mit 300 cm und 360 cm Schnittbreite erhältlich. Beide arbeiten mit sechs Hordenschüttlern und auch die Maße der Dreschtrommel sind mit 114 cm Breite und 56 cm Durchmesser identisch. Der Korntank des MF 530 fasst 3 400 Liter, der des MF 560 nimmt 4 000 Liter auf. Beide Mähdrescher werden von Perkins Dieselmotoren angetrieben: Der MF 530 mit 103 PS, der MF 560 mit 120 PS. Die Kabine mit Klimaanlage zählt zur Zusatzausrüstung, ebenso Häcksler, Tischwagen, Pickup, Korntankabdeckung und Maisgebiss.

Der Sattelkorntank des MF 530 (ganz oben) ist sehr niedrig ausgeführt, was besonders bei voller Ladung zu einem niedrigen Schwerpunkt führt. Der MF 560 (oben), dessen Korntankinhalt um rund 20 Prozent größer ausfällt, braucht natürlich mehr Raum. Rechte Seite: Auszug aus einem Prospekt

MF 530
Neue Technik für bessere Ernte

Ob mit oder ohne Kabine: Auf dem MF 530 haben Sie freie Sicht nach allen Seiten. Auf das Schneidwerk ebenso gut wie in den Korntank, den Körnerwagen und nach rückwärts. Besonders gut haben Sie den linken Abteiler im Blickfeld. So nutzen Sie die Schnittbreite voll aus. Wenn Sie Abtanken oder auf der Straße fahren, versperrt Ihnen der MF-Sattelkorntank nicht die Sicht nach links und hinten: Ein Plus an Sicherheit!

Der Zugang zum Dreschwerk ist durch die Fahrerplattform nicht behindert. Schnell und bequem kommen Sie dort heran.

Das Lenkrad läßt sich körpergerecht verstellen. Alle Hebel finden Sie griffgünstig rechts neben sich. Das macht Ihnen die Erntearbeit leicht. Wenn Sie den MF 530 mit Vollsicht-Komfortkabine wählen, dann haben Sie auch eine kühlende Kompressor-Klimaanlage dabei!

Universal-Langschneidwerk

Richtig für schwere Frucht und Lagergetreide. Seine Vorteile: Sehr stabil, Steinschutz hinter dem Messer, langer Abstand zur Einzugsschnecke, einstellbar auf alle Erntebestände, hydrostatischer Haspelantrieb mit elektrischer Drehzahlregelung vom Sitz aus, hydraulische Horizontalverstellung serienmäßig, Reservemesser griffbereit im Querholm.

Schwere Dreschtrommel

Die 8 Schlagleisten sitzen auf breiten, gegossenen Trommelsternen. So ist die Dreschtrommel doppelt schwer, hat die vierfache Schwungmasse einer vergleichbaren Trommel mit Blechsternen und speichert die Energie. Vorteile: Gleichbleibende Drehzahl, gleichmäßiger Ausdrusch, Abbau von Belastungsspitzen, Schonung von Motor und Antrieb. Und

Gute Rundumsicht

Klimatisierte Kabine auf Wunsch lieferbar

Bequemer Aufstieg

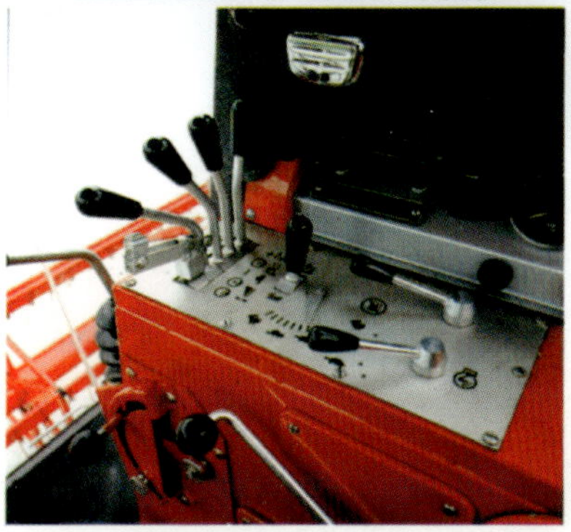

Körpergerechte Bedienungshebel

Übersichtliche Armaturen

Verstellbares Lenkrad

Kompressor-Klimaanlage

Die Schnellkupplungs-Anbaumähdrescher 4802 und 5502 benötigen Traktoren mit 110 beziehungsweise 120 PS, Rückfahreinrichtung und Frontzapfwelle für die Korntankentleerung

Massey Ferguson MF 4802, MF 5502 1982

Mit dem Schnellkupplungs-Anbaumähdrescher stellt Massey Ferguson eine ganz neue Schlepper-Maschinen-Kombination vor. Das soll Kosten sparen, denn Mähdrescher werden nur saisonal benötigt. Selbstfahrende Großmähdrescher verursachen erhebliche Investitionen und können über viele Monate des Jahres nicht eingesetzt werden. Obwohl diese Idee Interesse weckt, setzt sie sich auf dem Markt nicht durch.

Die Schnittbreiten sind 480 cm beim 4802 und 550 cm beim 5502. Beide Typen sind mit jeweils zwei Dreschtrommeln ausgerüstet, die 85 beziehungsweise 103 cm breit sind und einen Durchmesser von 46 cm haben. Zwei mal vier, also acht Hordenschüttler stehen zur Verfügung. Der Korntank kann 3 900 beziehungsweise 4 400 Liter aufnehmen.

Die Schnellkupplung des MF 660 erleichtert den An- und Abbau von Schneidwerk oder Maispflückvorsatz. Die verstellbaren Halmteiler trennen keilförmig auch liegende und durchwachsene Halmfrucht

Massey Ferguson MF 660 1982-1984

„MF 660 – Ein neuer Großmähdrescher, der sie überlegen macht" heißt es 1982 bei Massey Ferguson. Und weiter: „Bei dieser Maschine sind alle Aufnahmeaggregate groß dimensioniert, alles ist besonders stark ausgelegt. Die Verwendung von besonders starkwandigen Gehäuseteilen sichert die Haltbarkeit dieser Maschine."

Das sogenannte MF-Universal Langgutschneidwerk ist mit Schnittbreiten von 360 und 420 cm lieferbar. Der Haspelantrieb ist vollhydrostatisch, die Haspeldrehzahlverstellung elektro-hydraulisch, die Haspelhorizontalverstellung hydraulisch. Die Dreschtrommel ist 137 cm breit, der Durchmesser beträgt 56 cm. Sechs Schüttlerhorden arbeiten auf einer Breite von 165 cm. Die Abdeckung des 5 000 Liter Korntanks ist jetzt serienmäßig. Für die Kraft ist ein Perkins Turbolader mit 134 PS zuständig.

Der MF 660 ist ohne Schneidwerk 7 190 mm lang, ca. 3 000 mm breit, mit Kabine 3 730 mm hoch und mit dem 420 cm breiten Schneidwerk 9 410 kg schwer.

Als Sonderausrüstung stehen zur Verfügung: Kabine mit Kompressor-Klimaanlage, Strohhäcksler, Maispflückvorsatz, Tischwagen und Anhängekupplung für Tischwagen.

Der Korntank der MF-Mähdrescher, wie hier beim MF 660, hängt wie ein Sattel tief herab bis etwa 1 m über dem Boden. Unten: Zeichnung und Original des MF 430

Massey Ferguson MF 330, MF 430 1983-1985

In Kooperation mit Sampo-Rosenlew, die sich auf den Bau kleiner Mähdrescher spezialisiert haben, bezieht Massey Ferguson von dem finnischen Hersteller die Typen MF 330 und MF 430. Die sind in einigen Bereichen nach Wünschen von MF spezifiziert und natürlich in roter Farbe lackiert.

Der MF 330 hat eine Schnittbreite von 260 cm und wird von einem 75 PS Motor angetrieben. Etwas größer ausgelegt ist der MF 430 mit 300 cm Schnittbreite und 85 PS Motor. Beide Mähdrescher arbeiten mit drei Schüttlern und sind mit einem Korntank ausgestattet, der 2 500 Liter fassen kann. Insgesamt sollen von diesen beiden kleineren Mähdreschern in Deutschland rund 2 000 Exemplare verkauft worden sein.

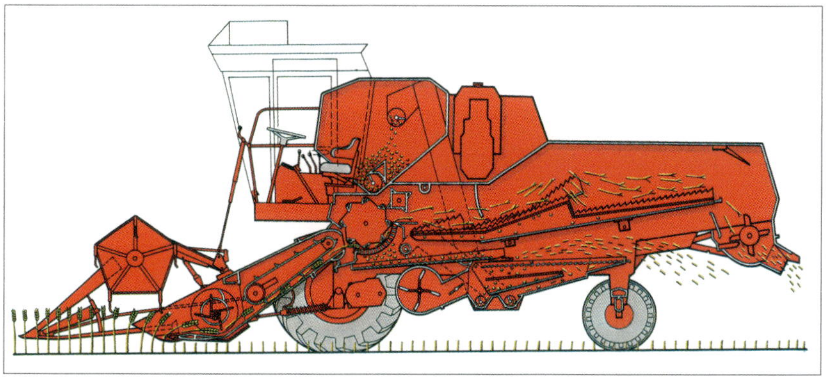

Die 800er-Reihe bietet Mähdrescher mit Schnittbreiten von 300 bis 540 cm

Massey Ferguson MF 800er Reihe 1983-1987

1983 bringt Massey Ferguson die Mähdrescher MF 810, 815, 820, 830, 835, 845 und 865 heraus. Die kleineren Typen MF 810 bis MF 820 haben Schnittbreiten von 300 bis 360 cm und arbeiten mit vier Schüttlern. Für den Antrieb sorgen Motoren mit 114 beziehungsweise 133 PS.

Die Typen 830 bis 845 sind mit Schneidwerken von 360 bis 420 cm ausgestattet. Die Motorenleistungen dieser Fünf-Schüttler betragen 141 beziehungsweise 152 PS. Der Korntank fasst 5 400 Liter.

Größter dieser Reihe ist der MF 865, der mit 540 cm Schnittbreite und sechs Schüttlern eingeführt wird. Alle 800er Typen sind mit Kabine inklusive Klimaanlage und Strohhäcksler lieferbar.

Der MF 830 arbeitet mit einem 141 PS Dieselmotor von Perkins, der MF 31 (unten) mit einem 170 PS Dieselmotor von Valmet

Massey Ferguson MF 24/27/29/31 1984-1991

Ährenheber gehören beim MF 31 von 1984 (oben) zur Standardausrüstung. Der MF 31 XP von 1989 (rechts) zeigt, wie einfach die wartungsrelevanten Instrumente erreicht werden können. Mit Schneidwerk ist der MF 31 984 cm lang, 486 cm breit und 400 cm hoch. Das Betriebsgewicht beträgt 8 670 kg

Eine völlig neue Mähdrescher-Generation bringt Massey Ferguson 1984 heraus. Die „MF-Hydros", wie die Typen 24, 27, 29 und 31 wegen ihres hydrostatischen Fahrantriebs genannt werden, sind mit „Unicontrol" ausgerüstet. Das ist eine Einrichtung, die alle Funktionen anzeigt und überwacht, wie zum Beispiel den Kraftstoffvorrat oder wieviel Hektar jeweils geerntet sind. Neu gestaltet ist der Arbeitsplatz in der komfortablen Kabine, bei dem die Pedale und Hebel ergonomisch günstig angeordnet sind.

Beim MF 24 ist die Dreschtrommel 112 cm breit, bei den drei anderen Typen 140 cm. Der Trommeldurchmesser beträgt bei allen Typen 45 cm, die Anzahl der Schlagleisten jeweils sechs. Der MF 24 muss mit vier Schüttlern auskommen, die drei anderen sind mit fünf Schüttlern ausgestattet. Der Korntankinhalt beginnt beim MF 24 mit 3 200 Litern, der MF 27 kann 4 200 Liter fassen und die beiden größeren Typen jeweils 5 200 Liter.

Der MF 24 arbeitet mit einem Sechszylinder Dieselmotor von Perkins, der 107 PS leistet. Der Perkins Dieselmotor des MF 27 ist 130 PS stark und turbogeladen. Der MF 29 wird ebenfalls von einem turbogeladenen Perkins Dieselmotor angetrieben, der zusätzlich mit Ladeluftkühlung ausgestattet ist und 153 PS leistet. Der stärkste Mähdrescher der Hydro-Reihe ist der MF 31, dessen turbogeladener Sechszylinder Dieselmotor mit 170 PS von Valmet stammt.

Als Zubehör liefert MF für die neue Mähdrescherreihe Strohhäcksler, Rapstrennmesser, Schneidwerkswagen, Sonderbereifung, Maisausrüstung, Maispflücker und diverse Ausrüstung für Sonderkulturen und Sonnenblumen

Massey Ferguson MF 16, MF 20 1986-1991

Die Mittelklasse-Mähdrescher MF 16 und MF 20 kommen in einer Zeit auf den Markt, in der in Deutschland gezogene Mähdrescher nicht mehr angeboten werden. Sie sind für kleinere Parzellen und für unebene Flächen in Späterntegebieten konzipiert.

Der MF 16 hat 260 cm Schnittbreite. Die Pickup-Haspel ist in der Höhe hydraulisch, in der Geschwindigkeit und in der Bewegung nach vorn oder zurück vom Fahrersitz aus elektrisch per Knopfdruck verstellbar. Die Dreschtrommel ist 86 cm breit, der Durchmesser beträgt 50 cm. Die vier Hordenschüttler bieten eine Fläche von 2,97 m^2. Der Korntank kann 2 100 Liter aufnehmen. Der mechanische Fahrantrieb mit drei Vorwärtsgängen und einem Rückwärtsgang erlaubt Geschwindigkeiten bis 20 km/h. Für die Power ist ein 75 PS starker Vierzylinder Perkins Dieselmotor zuständig. In Transportstellung kommt der MF 16 auf 7 450 mm Länge und 2 950 mm Breite, die Höhe mit Kabine beträgt 3 280 mm, das Gewicht beläuft sich auf 3 950 kg mit Häcksler und Kabine.

Der MF 20 und sein etwas leistungsstärkerer Kollege MF 20 XP werden mit 300 cm Schnittbreite geliefert. Die Dreschtrommel ist 105 cm breit, der Durchmesser 55 cm. Der Korntankinhalt beträgt 2 500 Liter. Der Perkins Dieselmotor des MF 20 leistet 85 PS, der des MF 20 XP 92 PS. Länge in Transportstellung 7 400 mm, Breite 3 200 mm, Höhe 3 350 mm mit Kabine, Gewicht mit Kabine 4 500 kg.

Die Kabine des MF 20/MF 20 XP ist neu gestaltet. Alle Kontrollinstrumente sind rechts neben dem Fahrersitz angeordnet. Die Lenksäule ist schwenkbar. Unten: Störungen am Dreschwerk können wegen der guten Zugänglichkeit zu allen wesentlichen Teilen schnell beseitigt werden

Der MF 16 bei der Arbeit (oben). Der 3 300 Liter-Tank des MF 25 (rechts in der Version von 1989) kann in etwa 70 Sekunden entleert werden

1994 ist der MF 25 mit 340 cm Schnittbreite lieferbar. Der Korntank hat sich auf 3 700 Liter Fassungsvermögen vergrößert. Der Strohhäcksler ist auf Wunsch lieferbar, ebenso eine Klimaanlage, Radio, Verlustanzeige, Schneidwerkswagen oder Allradantrieb

Massey Ferguson MF 22/23/25/26/28 1989-1997

Als erster der 20er Reihe wird 1989 der MF 25 vorgestellt: Ein weiterer Mittelklasse-Mähdrescher, kompakt gebaut, mit hydrostatischem Fahrantrieb und 120 PS starkem Sechszylindermotor. Die Schnittbreite des Schnellkuppler-Schneidwerks ist auf 320 cm ausgelegt. Die Dreschtrommel mit sieben Leisten ist 111 cm breit, der Durchmesser beträgt 50 cm. Der Korntank des Vier-Hordenschüttlers fasst 3 300 Liter. Mit Schneidwerk kommt der MF 25 auf 8 500 mm Länge, 3 600 mm Breite und 6 050 kg.

1994 bekommt der MF 25 Gesellschaft: Die Typen MF 22, MF 23 und MF 26 erscheinen. „Hochleistungsmähdrescher, entworfen mit der Zielsetzung, einfach zu sein“ wie es in der Werbung heißt. Der MF 22 hat 310 cm Schnittbreite, die beiden anderen 340 cm. Die Dreschtrommelmaße sind bei allen identisch: 111 cm Breite und 50 cm Durchmesser. Der MF 26 arbeitet mit fünf Schüttlern, die beiden kleineren mit vier. Auch beim Korntank zeigt der MF 26 seine Überlegenheit: 4 200 gegenüber 3 300 Liter Fassungsvermögen. Für den Antrieb ist beim MF 22 ein 87 PS Motor zuständig, beim MF 23 sind es 100 PS und beim MF 26 140 PS. Der MF 26 hat einen hydrostatischen, die beiden anderen müssen sich mit einem mechanischen Fahrantrieb begnügen. Mit Schneidwerk und Strohhäcksler sind alle 20er Typen 8 630 mm lang. MF 22 und MF 23 sind ohne Schneidwerk 2 800 mm breit, der MF 26 kommt auf 2 850 mm.

Der MF 23 (oben) ist auf Wunsch mit hydrostatischem Fahrantrieb lieferbar. Die sogenannte Vollsichtkabine der neuen 20er Reihe ist mit getönten Scheiben ausgestattet. Das Triebwerk des MF 26 (unten) ist ein 140 PS starker Sechszylinder Turbomotor

Der stärkste Vertreter der 20er Reihe kommt 1997 auf den Markt. Der MF 28 wartet mit 420 cm Schnittbreite, fünf Schüttlern, 4 600 Liter Korntank und 185 PS auf. Wie bereits bei seinem kleineren Kollegen MF 26 handelt es sich um einen Sechszylinder Turbomotor von Valmet. Auch bei den Abmessungen und beim Gewicht bringt der MF 28 Spitzenwerte: 10 350 mm Länge über alles, 2 900 mm Breite, 3 540 mm Höhe über alles und rund 7 500 kg Gewicht. Klar, dass der Fahrantrieb hydrostatisch ist.

Als Zubehör bietet MF zu den Mähdreschern der 20er Reihe unter anderem an: Schneidwerkswagen, elektrische Reversierung, Kontrollmonitor inklusive Verlustanzeige, Allradantrieb, Häcksler, Klimaanlage, Radio, Maisausrüstung, Maispflücker, Steinsperre für Schneidwerk, Abstreifbleche und Breitreifen.

Die Kabine der 20er Reihe (oben der MF 28) zählt zu den größten in dieser Leistungsklasse. Die Schüttlerböden können durch die Klappe am Heck leicht herausgezogen werden (rechts). Die vier Arbeitsscheinwerfer (unten der MF 26) gehören zur Grundausstattung

Massey Ferguson MF 30/32/34/38/38E 36RS/40RS 1989-1999

Die neue 30er Reihe startet 1989 mit den Typen MF 34 und MF 38, die man der hohen Leistungsklasse zurechnen muss. Beide werden von einem Sechszylinder Turbomotor angetrieben, der MF 34 mit 200 PS, der MF 38 mit 240 PS. Jeweils zwei Schnittbreiten stehen zur Verfügung: 490 und 550 cm beim MF 34 und 550 und 610 cm beim MF 38. Die Dreschtrommel ist 140 cm beziehungsweise 168 cm breit, der Durchmesser beträgt 60 cm. Der MF 34 arbeitet mit fünf Schüttlern, der MF 38 mit sechs. Auch die Korntanks differieren: 6 000 und 7 700 Liter.

1991 kommen in der 30er Reihe die Fünfschüttler MF 30 und MF 32 hinzu, die Schnittbreiten von 372 bis 555 cm bieten. Die Trommel ist 140 cm breit, der Durchmesser 45 cm. Der Korntank, der sich in 100 Sekunden komplett entleeren lässt, fasst 5 200 Liter. Beide Typen werden von Sechszylindermotoren mit 150 PS beziehungsweise 175 PS angetrieben.

1992 sind die Typen MF 36RS und MF 40RS im Programm, die mit Rotationsabscheider arbeiten. Hydrostatischer Fahrantrieb und Klimaanlage gehören jetzt zur Standardausstattung. Der 220 PS starke Fünfschüttler MF 36RS hat eine 140 cm breite Dreschtrommel und sein Korntank fasst 6 400 Liter. Der Sechsschüttler MF 40RS ist mit 168 cm breiter Trommel und einem 7 900 Liter Korntank ausgerüstet; der Sechszylinder Turbomotor leistet 290 PS.

MF 30 (oben) und MF 32 (Mitte und unten). Die 30er Reihe ist mit Powerflow-Schneidwerken lieferbar, bei denen zwischen dem Messerbalken und der Einzugsschnecke endlose Gummibänder laufen, die den Transport des Ernteguts übernehmen. Das erhöht die Leistungsfähigkeit um bis zu 15 Prozent im Getreide und um bis zu 50 Prozent im Raps

Alles unter Kontrolle: Mit Ausnahme des MF 30 sind die Mähdrescher der 30/40er Reihe serienmäßig mit „Datavision" ausgerüstet. Das ist das Informations-, Registrierungs- und Überwachungssystem von MF. Funktionsdaten, Einstellungen, Wartungsarbeiten, Fehlerquellen und der Ertrag werden mittels Bildschirm angezeigt

Die Typen MF 34, MF 36RS und MF 38 (von oben nach unten) sind serienmäßig mit Klimaanlage, Datavision, Drucker, Verlustanzeige, hydrostatischem Fahrantrieb und Klapphäcksler ausgestattet

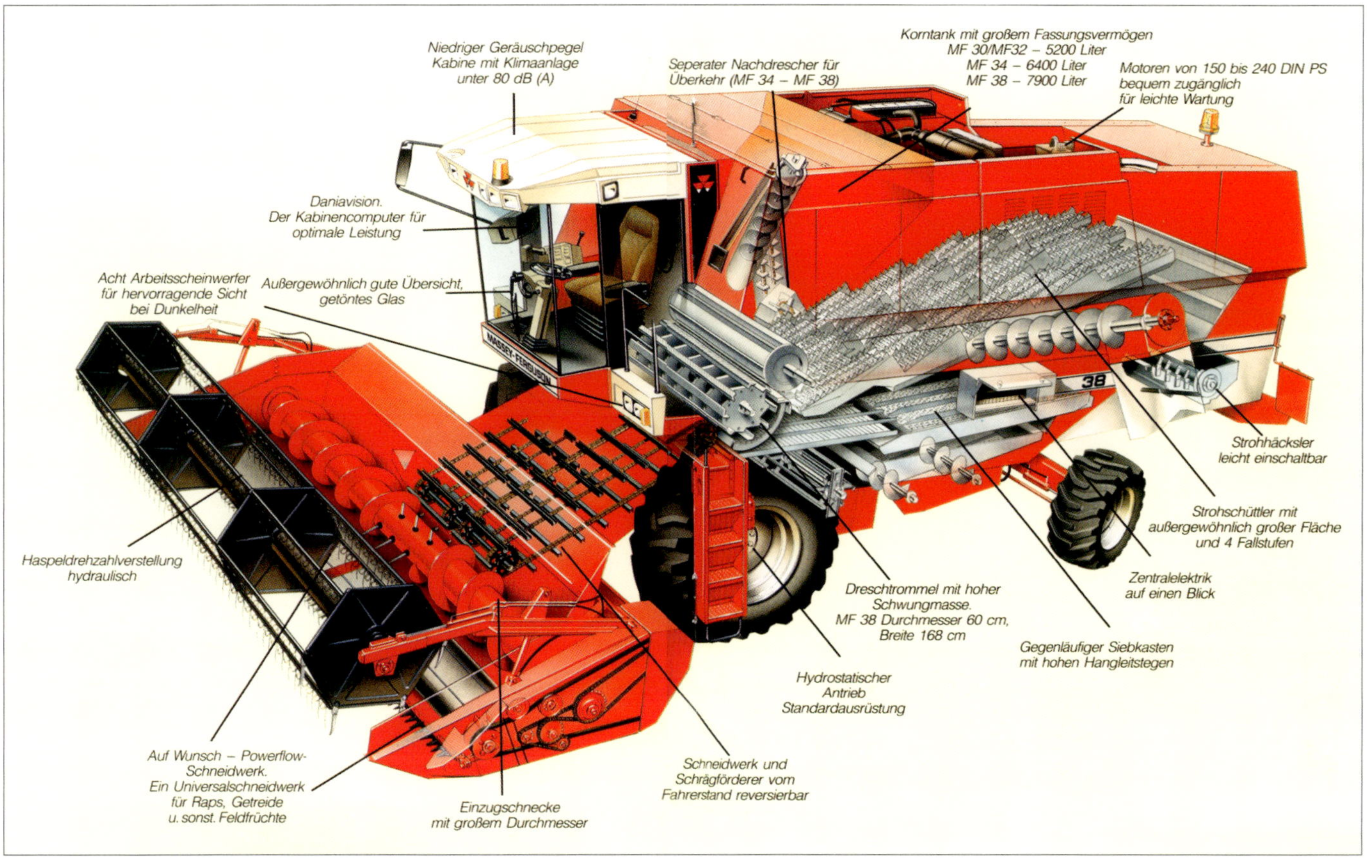

Der MF 38E (oben) kommt 1997 mit 225 PS Sechszylinder Turbomotor auf den Markt. Der 7 900 Liter Korntank des MF 40RS (rechts) kann in 87 Sekunden entleert werden. Mit Standardbereifung ist der MF 40 RS 9 870 mm lang, 3 600 mm breit und 4 000 mm hoch. Auf die Waage bringt der 290 PS Mähdrescher 13 400 kg

MF 7238, MF 7254 und MF 7242 (von oben nach unten). Die Schneidwerke der neuen 7200er Reihe bieten Powerflow und Auto Level Pendelausgleich. Alle Verbindungen sind von der linken Seite aus bedienbar und kombinierbar mit dem Einhebel-Schnellkuppler

Massey Ferguson MF 7200 1999-2003

„Ihr nächster Mähdrescher ist der Nachfolger äußerst erfolgreicher Vorgänger“ heißt es in der Werbung zur neuen Serie MF 7200. Und weiter: „Es ist zweifellos ein Massey Ferguson. Er bietet Ihnen all die Stärken und Vorteile der bewährten Maschinen der Serie MF 30 bis 40RS. Und in der Tat, die Mähdrescher der neuen Serie sind mit den gleichen stabilen Rahmen ausgestattet und auch die sehr schwere, bewährte Dreschtrommel wird übernommen. Das Überwachungssystem Datavision II ist erweiterbar zur Ertragsmessung und -kartierung

Der Mähdrescherkäufer kann unter sieben verschiedenen Typen auswählen, die mit Schneidwerken in Schnittbreiten von 370 bis 770 cm angeboten werden. Die Dreschtrommel ist 140 cm breit, bei den Typen ab dem MF 7272 ist sie 28 cm breiter. Die ersten vier Typen der 7200er Reihe sind Fünfschüttler, die anderen drei sind mit sechs Schüttlern ausgestattet. Das Fassungsvermögen der Korntanks reicht von 5 200 Liter beim kleinsten, dem MF 7238, bis zu 9 500 Liter beim größten, dem MF 7276.

Die neuen Sisu Dieselmotoren von Valmet beginnen bei 165 PS, der stärkste leistet 325 PS bei Hubräumen von 6,6 bis 8,4 Liter.

Die optisch und ergonomisch überarbeitete Kabine ist serienmäßig mit getöntem Glas, Klimaanlage und elektrischer Bedienung oder Einstellung fast aller Funktionen ausgestattet. Gangwechsel werden über Druckknöpfe auf der Oberseite der Lenksäule ausgelöst.

Der MF 7256 arbeitet mit einem 230 PS starken Turbo Intercooler. Der Strohhäcksler gehört zur Serienausstattung. Als Zusatzausrüstung sind Allradantrieb, Autopilot, Mais-/Sonnenblumen-Ausrüstung, Schneidwerkswagen, Seitenmesser, Spreuverteiler und anderes bei MF im Programm

Hier sind die 6-Schüttler MF 7272 (oben und Mitte) und MF 7276 (unten) im Einsatz. Der MF 7272 wird mit Schnittbreiten von 560 bis 680 cm geliefert. Der MF 7276, der auf dem Foto sein Schneidwerk im Schlepp hat, kann maximal auf 770 cm Breite schneiden. Das neue Überwachungssystem Datavision II liefert Maschineninfos, die Bedienanleitung, Diagnoseprogramme und ein Frühwarnsystem per Fingerdruck. Außerdem ist Datavision II nachrüstbar für die Ertragskartierung

Massey Ferguson Cerea 7200 ab 2000

Zum neuen Jahrtausend präsentiert MF einen neuen 8-Schüttler Hochleistungsmähdrescher, der erstmals mit einem Namen benannt wird. Der Cerea 7278 hat ein 769 cm breites Powerflow-Schneidwerk mit Schnitthöhen-, Auflagendruck- und Absenkautomatik. Die Dreschtrommel mit acht Schlagleisten ist 1 680 mm breit, der Durchmesser beträgt 600 mm. Hinter der Dreschtrommel folgen die Strohleittrommel und ein Rotationsabscheider. Der Korntank kann bis zu 10 500 Liter fassen. Das 8,4 Liter Turbolader-Triebwerk leistet 350 PS. Der 13 880 kg (ohne Schneidwerk) schwere Cerea 7278 kommt auf eine Gesamtlänge von 10 200 mm.

Die Motorabdeckung des Cerea sorgt für sicheren Zugang zum Korntank und schützt den Motor. Sie ermöglicht den Zugang zu allen Wartungsstellen. Über die transportable Leiter erreicht der Fahrer auch die höher gelegenen Bauteile

Der Multifunktionshebel des Cerea ist in die Armlehne integriert. Lenksäule und Fahrersitz lassen sich vielfach einstellen

2001 erscheint der Cerea 7274 mit leicht reduzierten Daten. Das Schneidwerk ist 675 cm breit, der Korntankinhalt beträgt 9 500 Liter und der Motor liefert 307 PS.

Oben: Die „neue Profi-Mittelklasse“, der 7200 Beta, ist mit AutoLevel Hangausgleich lieferbar. Mitte und unten: Das Schneidwerk des 7200 Activa schwenkt per Pendelausgleich um bis zu acht Prozent

Massey Ferguson 7200 Activa und Beta ab 2005

Dem Cerea werden 2005 zwei neue Mittelklasse Mähdrescher mit jeweils fünf oder sechs Schüttlern zur Seite gestellt. Der Activa wird mit Schneidwerken von 420 bis 660 cm angeboten. Die Dreschtrommel ist 1 340 mm breit, der Durchmesser beträgt 600 mm. Der Korntank kann 7 500 Liter aufnehmen. Für den Antrieb sorgt ein schadstoffarmer 255 PS Motor. Die Kabine ist mit Klimaanlage, Heizung, elektrischer Spiegelverstellung und Bordcomputer ausgestattet.

Für den Beta sind Freeflow AL-Schneidwerke von 480 bis 660 cm und Powerflow AL-Schneidwerke von 555 bis 670 cm lieferbar. Das Dreitrommel Dreschwerk arbeitet mit Rotationsabscheider und hat einen schwenkbaren RS-Abscheidekorb. Der 9 000 Liter-Korntank verfügt über eine elektrisch zu betätigende Abdeckung.

Mengele

Firmengründer Ing. Karl Mengele (1884-1959)

Es ist schon erstaunlich, dass sich ein mittelständisches Unternehmen, dessen Gründung auf das neunzehnte Jahrhundert zurückgeht, bis heute auf dem Markt behaupten kann. Noch ungewöhlicher ist die Tatsache, dass dieses Unternehmen seiner Branche treu geblieben ist.

1872 gründet Andreas Eisenlauer an der alten Stadtmauer in Günzburg (nahe Ulm) eine Maschinenhandlung mit Reparaturwerkstatt für Landmaschinen. 1907 tritt der Ingenieur Karl Mengele in den sieben Mitarbeiter zählenden Betrieb ein, der inzwischen in den Besitz von Frank & Odenwald übergegangen ist. Ein Brand zerstört noch im selben Jahr das kleine Anwesen der Firma Mengele & Freiberger, wie das Unternehmen jetzt heißt.

1909 scheidet Teilhaber Freiberger aus. Mengele bezieht eine neue Produktionshalle an der Augsburger Straße in Günzburg. Jetzt wird nicht mehr nur gehandelt und repariert sondern bereits produziert: Göpel, Rübenschneider, Schrot- und Putzmühlen. 1914, zu Beginn des Ersten Weltkriegs, werden Fouragewagen und ähnliches für die Wehrmacht produziert. 30 Männer arbeiten inzwischen in der Produktion.

Stammwerk in Günzburg

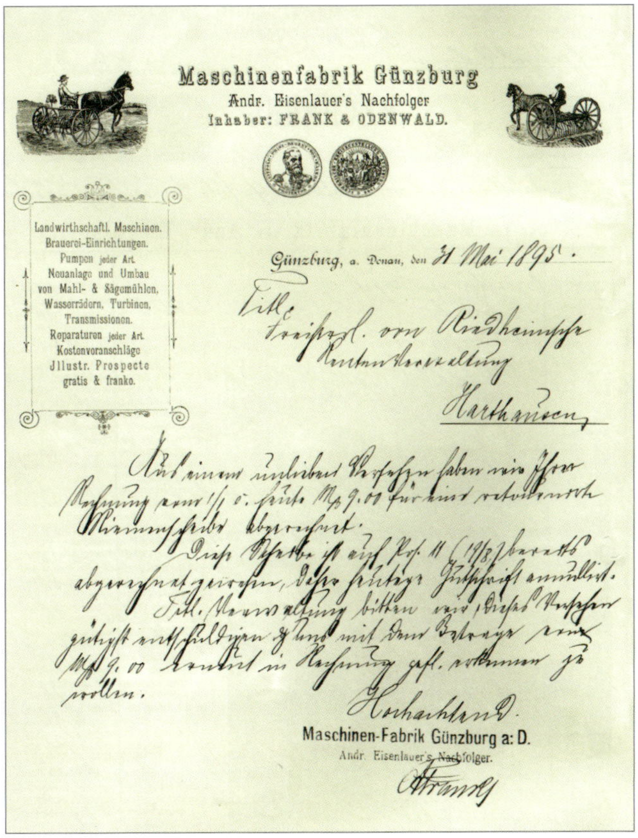

Maschinenfabrik Günzburg
Andr. Eisenlauer's Nachfolger
Inhaber: FRANK & ODENWALD.

Landwirthschaftl. Maschinen. Brauerei-Einrichtungen. Pumpen jeder Art. Neuanlage und Umbau von Mahl- & Sägemühlen, Wasserrädern, Turbinen, Transmissionen. Reparaturen jeder Art. Kostenvoranschläge. Jllustr. Prospecte gratis & franko.

Günzburg, a. Donau, den 31 Mai 1895.

Titl. Freiherrl. von Riedheim'sche Rentenverwaltung

Harthausen

Hochachtend

Maschinen-Fabrik Günzburg a: D.
Andr. Eisenlauer's Nachfolger.
Frank

Korrespondenz anno 1895, da wurde noch per Hand mit Federkiel geschrieben

Stark besuchte Vorführung der Mengele Breitdreschmaschine „Uranus“ (ca. 1925), die unten im Detail zu sehen ist. Die Uranus war lieferbar mit Siebsortierung oder mit Sortierzylinder. Die Trommel ist 170 cm breit, hat 41 cm Durchmesser und eine Drehzahl von 1400 pro Minute. Die Maschine arbeitet mit sechs Schlagleisten. Die Stundenleistung beträgt 700-800 kg, für den Antrieb werden fünf bis sechs PS benötigt. Das Gerät ist 570 cm lang, 265 cm breit und 270 cm hoch

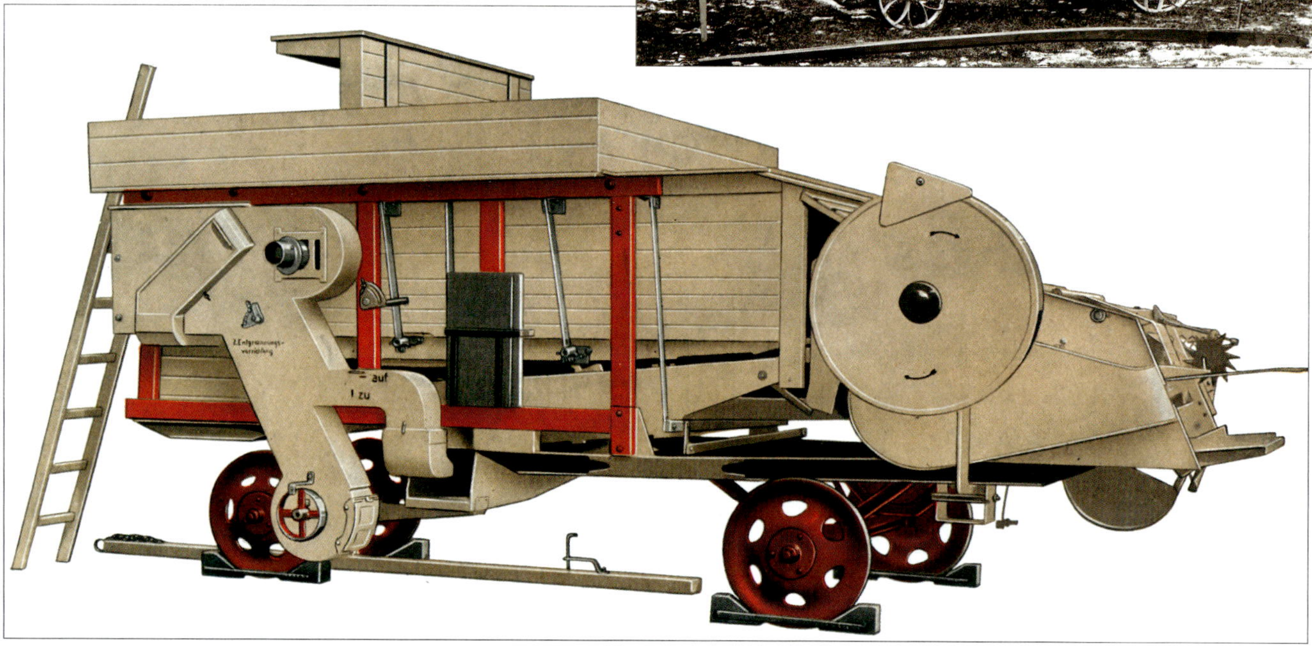

Zu Beginn der zwanziger Jahre wird die Produktion um Stiften-Dreschmaschinen und Windfegen erweitert. Um die Gussteile selbst herstellen zu können, gründet Mengele in einer ehemaligen Kaserne in Dillingen eine eigene Gießerei. 1925 beginnt der Bau von Breitdreschmaschinen. Mengele steigt zum drittgrößten Hersteller von Dreschmaschinen in Deutschland auf.

1930 tritt Alois Mengele, der jüngste Sohn, in den Betrieb ein. Alois entdeckt auf seinen Verkaufstouren die Marktchancen von Heuaufzügen und überzeugt seinen Vater davon, diese ins Programm aufzunehmen. Eine gute Idee, denn die Mengele-Heuaufzüge setzen sich am Markt durch und avancieren zu einem wichtigen Produktionssegment. 1935 wird die Gießerei nach Günzburg verlegt. Ein Jahr später wird die Geschäftsleitung durch einen weiteren Mengele-Spross verstärkt: Dr. jur. Karl Mengele tritt in das Unternehmen ein. Die Zahl der Beschäftigten ist mittlerweile auf über 300 angewachsen.

Wegen der Schuttberge, die der Zweite Weltkrieg hinterlassen hat, werden ab 1947 Schubkarren produziert. Eine von Mengele mit Hilfe eines Hydraulikexperten selbst gebaute Hydraulikpresse formt die Schubkarren aus einem Stück. 1948 werden Dungaufzüge ins Programm aufgenommen. 1949 verpasst sich das Unternehmen eine neue Firmierung: Karl Mengele & Söhne. Noch im selben Jahr, am zweiten Weihnachtstag, verstirbt Karl Mengele jun. plötzlich. Ein herber Verlust für den Betrieb, der gleichwohl boomt: 1950 zählt die Belegschaft rund 600 Mitarbeiter, die in neugebauten, modernen Hallen arbeiten.

Mengele Großdreschmaschine „Gigant" mit 2 000 bis 2 500 kg Stundenleistung, Sortierzylinder, doppelter Autolenkung, Luftbereifung und etwa 25 PS Kraftbedarf. Die Trommel ist 170 cm breit und hat 59 cm Durchmesser. Betriebsfertig aufgestellt ist das ca. 7 200 kg schwere Gerät 950 cm lang, 270 cm breit und 335 cm hoch

Dreschmaschinenproduktion bei Mengele in Günzburg

Mengele Dreschmaschinen auf der Reise, hier während einer Unterbrechung auf der Station Garrel in Oldenburg

Mengele-Mitarbeiter stellen sich in der Mittagssonne für den Werksfotografen vor eine ihrer Maschinen. Die Aufnahme entstand etwa Mitte der zwanziger Jahre

Deckblatt der Ersatzteilliste für die Uranus Dreschmaschine

Die Idee, Heuaufzüge mit in das Produktionsprogramm aufzunehmen, kommt von Alois Mengele, dem jüngsten Sohn des Firmengründers, der 1930 in den Betrieb eintritt

1952: 80 Jahre Mengele. Die größte bis dahin gebaute Abkantpresse mit 900 t Druck, 2 m Arbeitsbreite und rund 120 t Gewicht wird vorgestellt. Ein Großbrand vernichtet drei Hallen der Schreinerei, die noch im selben Jahr wieder aufgebaut werden.

Ebenfalls 1952: Mitarbeiter Stöhr stellt der Landtechnischen Versuchs- und Beispielswirtschaft Dr. Michael Heim in Leinau die von ihm konstruierten gezogenen Mähdrescher KM 120 und KM 150 zur Prüfung vor. Das Ergebnis ist positiv, die Typen gehen in die Produktion. Als Kritik an seinen Mähdreschern aufkommt, zieht sich Konstrukteur Stöhr 1954 enttäuscht aus dem Unternehmen zurück. Mengele stellt 1955 den KM 150 noch einmal auf der DLG-Ausstellung in München aus, 1956 wird die Produktion eingestellt.

1954 wird die Gießerei modernisiert und auf Fließband umgestellt. Die monatliche Produktion beträgt 350 t, wobei 50 Prozent an Abnehmer aus allen Bereichen der Industrie gehen. Im selben Jahr zieht sich Firmengründer Karl Mengele aus gesundheitlichen Gründen zurück, die Geschäftsleitung übernimmt Sohn Alois. 1959 stirbt Karl Mengele im Alter von 75 Jahren.

Nach erneuter Betriebserweiterung durch den Bau neuer Werkhallen werden ab 1957 auch Bagger für die Bauindustrie gebaut. 1958 kommt der Stalldungstreuer „Doppel-Trumpf" auf den Markt, der zu einem großen Verkaufserfolg wird. Zum absoluten Bestseller im Programm gerät allerdings der Mengele-Ladewagen, der ab 1963 den Markt erobert. Mengele wird zum größten Ladewagenhersteller der Welt, der Betrieb wird ständig erweitert.

Titelbild eines aufwändig gestalteten und hochwertig produzierten Werbeprospekts aus den dreißiger Jahren

Der 1953/1954 ausgezeichnete Gebläsehäcksler

Ein Mengele-Supererfolg: Der einachsige Stalldungstreuer „Doppel-Trumpf" kommt 1958 auf den Markt

Auch der 1967 vorgestellte „Mais-Blitz“ wird ein Renner im Mengele-Landmaschinenprogramm. Unten: Der erste Mengele Selbstfahr-Feldhäcksler läuft 1975 mit moderner Hydrotechnik vom Band

Ein weiterer Renner bei Mengele wird der „Mais-Blitz“, ein einreihiger Anbau-Maishäcksler, der 1967 bei einer Großvorführung auf Gut Schlüterhof vorgestellt wird. 1971 tritt mit Karl-Heinz Mengele und Dieter Mengele die dritte Generation in die Firma ein. Ein Jahr später wird das hundertjährige Betriebsjubiläum mit einem Tag der offenen Tür gefeiert. 1975 läuft der erste Mengele-Selbstfahr-Feldhäcksler vom Band, der mit modernster Hydrotechnik arbeitet und der von der Fachwelt mit Spannung erwartet wird.

1979 ist Mengele auf dem Höhepunkt seiner Unternehmensgeschichte: Die Produktion im neuen Werk V in Günzburg-Deffingen wird aufgenommen. Fast 2 000 Mitarbeiter sind bei Mengele in Günzburg, in den Zweigwerken Ichenhausen und Neuburg und in den Auslandsvertretungen in Frankreich, Italien, Österreich und USA beschäftigt. Die Werksgelände in Günzburg umfassen rund 254 000 qm. Davon sind etwa 70 000 qm überbaut. Täglich werden ca. 100 t Stahl verarbeitet. Im großen Materiallager wird dafür ein Vorrat von 3 000 t gehalten. Die Straßen im Stammwerk sind rund 2,4 km lang. Jeden Tag verlassen 105 Fahrzeugeinheiten die Fertigungshallen.

1987 wird Mengele von der Bidellgruppe übernommen, die den Betrieb 2002 an die Bohnacker AG veräußert. Bohnacker verlegt den Sitz nach Waldstetten und führt dort das Unternehmen unter „Mengele Agrartechnik“ weiter. Im Angebot sind heute hochmoderne Ein-, Zwei- und Tandemachskipper, Muldenkipper, Silier-, Lade- und Kombiwagen, Dungstreuer, Maishäcksler und Anbau-Scheibenradhäcksler.

Herstellung der Mengele Mähdrescher KM 120 Anfang der fünfziger Jahre

Mengele KM 120
1952-1956

Die Mengele Mähdrescher sind für kleinere und mittlere Betriebe konzipiert. Sie sind leicht, mit 2 400 mm Höhe sehr niedrig und wegen ihrer geringen Spurweite auch bei engen Hofeinfahrten kein Problem.

Der KM 120 hat eine Schnittbreite von 120 cm, die regulierbare Schnitthöhe reicht von 5-35 cm. Der Haspeldurchmesser beträgt 170 cm, sechs Haspelleisten stehen zur Verfügung. Die Trommel, mit einer Drehzahl von 1 300 U/min, kommt im Durchmesser auf 46 cm, die Schlagleisten sind 125 cm lang. Das ausgedroschene Getreide wird in zwei marktfertigen Qualitäten entnommen. Die Stundenleistung liegt zwischen einem drittel und einem halben Hektar, die Körnerleistung bei 25 bis 30 Zentner pro Stunde.

Die Arbeitslänge ohne Strohpresse beträgt 650 cm, mit 850 cm. Die Länge ohne Strohpresse misst beim Transport ebenfalls 650 cm, mit Strohpresse 760 cm. Die Arbeitsbreite kommt auf 290 cm, die Transportbreite auf 230 cm, die Höhe beträgt 240 cm und die Spurbreite 145 cm. Ohne Strohpresse bringt der Mähdrescher 1 850 kg auf die Waage, mit 2 150 kg.

Der KM 120 wird von einem Schlepper mit etwa 25 PS gezogen, mit Strohpresse liegt der Kraftbedarf bei 28 PS. Bei schwächeren Typen hilft ein Volkswagen-Aufbaumotor mit 24 PS, der als Sonderausrüstung zur Verfügung steht.

Weitere Daten: Schwenkbarer Dreschkorb, Momentkorbverstellung, Schwingschüttler mit drei Fingerschüttlern, getrennte Lang- und Kurz-

Mengele Mähdrescher 1954 im Einsatz bei Bauer Wilhelm Krampe in Hilter (Westfalen). Dazu wurde notiert: „Der Mähdrescher-Einsatz mit Aufbaumotor war bei hängigem Gelände bis zu 8 Prozent und schwierigsten Witterungsverhältnissen ein hundertprozentiger Erfolg. Bauer Krampe ist sehr zufrieden. Als am letzten Sonntag vor 8 Tagen die letzten Stücke Hafer gemäht wurden, waren sehr viele Interessenten erschienen, die sich begeistert über unseren Mähdrescher ausdrückten."

strohabgabe, Gerstenentgranner, erste Reinigung durch Saugwind, zweite Reinigung durch Druckwind, Siebsortierung, drei Sackausläufe und Spreuabsackvorrichtung.

Mengele KM 150
1952-1956

In den meisten Bereichen stimmen die Daten des KM 120 mit denen des KM 150 überein. Entscheidender Unterschied: Die Schnittbreite des KM 150 beträgt natürlich 150 cm. Bei der Arbeit ist der KM 150 ohne Strohpresse 670 cm lang, mit 870 cm. Beim Transport sind es ohne Strohpresse ebenfalls 670 cm, mit 780 cm. Weitere Differenzen gibt es beim Gewicht, das ohne Strohpresse 1 870 kg beträgt, mit 2 200 kg. Die Spurbreite misst 170 cm. Erste und zweite Reinigung beim KM 150 durch Druckwind.

Mengele KM 120 ohne Aufbaumotor im Einsatz (oben), Rückansicht mit Strohpresse des KM 150 (links) und KM 150 mit Aufbaumotor (unten)

Mengele

MÄHDRESCHER KM 120
KM 150

KARL MENGELE & SÖHNE · MASCHINENFABRIK U. EISENGIESSEREI · GÜNZBURG/DONAU · GEGR. 1872

Mengele-Mähdrescher wurden verschiedenen Prüfungen unterzogen.
Hier nur auszugsweise einige Angaben aus ausführlichen Prüfungsberichten neutraler Stellen:

Im Jahre 1952 prüfte die

Landtechnische Versuchs- und Beispielswirtschaft Dr. Michael Heim, Leinau bei Kaufbeuren

mit folgendem Ergebnis:

. . . 18 ha, davon 4 ha Wintergerste mit hohem Grünzeuganteil, in einem Arbeitsgang mittels 25 PS-Dieselroß-Schlepper, teilweise in ebenem Gelände versuchsweise mit 20 PS-Schlepper, mit Erfolg gemäht. . . . weder Wickeln der Dreschtrommel noch sonstige Störungen bei der Reinigung. Winter- und Sommerweizen, als auch Winterroggen zur vollen Zufriedenheit geschafft. Winterweizen vom Felde weg an die Mühle verkauft. . . . Flächenleistung ½ ha, Mengenleistung 20 dz je Betriebsstunde. . . . sogar Sommergerste und Hafer, so stark lagernd, daß mit Binder nicht mehr ohne große Verluste gemäht werden konnte, habe ich zu meinem und meiner Nachbarn Erstaunen mit einer Flächenleistung von ⅓ ha p. Std. gemäht. Das zu 100% ausgedroschene und in Schwad abgelegte Stroh wurde im durch die Dreschtrommel gut aufbereitetem und nachgetrocknetem Zustand nach einigen Tagen abgefahren . . .

Im Jahre 1954 prüfte das

Landmaschinen-Institut der Universität Göttingen

und gab ein ausführliches Gutachten, aus dem wir auszugsweise folgendes bringen:

. . . Mengele-Mähdrescher in der Zeit vom 27. 7. bis 2. 10. 54 in 16 Betrieben verschiedener Größe im südhannoverschen Raum eingesetzt. . . . der Raps-Hockendrusch verlief reibungslos mit gutem Ergebnis. . . . trotz ungleichmäßiger Beschickung arbeitete die Maschine sehr verlustarm und zeichnete sich durch eine besonders gute Kornreinheit aus. Obwohl bei Rapsdrusch in den meisten Fällen eine gesonderte Nachreinigung unumgänglich ist, konnte man es sich hier sparen. Gegenüber allen anderen Mähdreschern, die auf dem gleichen Felde eingesetzt waren, hatte der Mengele-Mähdrescher die beste Reinigung. . . . Im Hockendrusch von Gerste und Roggen mußte vielfach unter sehr erschwerten Bedingungen gearbeitet werden, da die Kornfeuchtigkeit oft zwischen 20-25% lag, während Strohfeuchtigkeiten bis zu 50% keine Seltenheit waren. Trotzdem war das Druschergebnis in allen Fällen voll ausreichend und die Landwirte äußerten sich recht befriedigt darüber. . . . Im Mähdrusch zeigte sich, daß infolge des geringen Eigengewichtes des Mengele-Mähdreschers ein Einsatz auch auf durchnäßten Böden möglich war. . . . Auch bei der Arbeit an Hängen stellte die Maschine ihre Arbeitsmöglichkeiten unter Beweis. Bis zu 12% Neigung quer zum Hang konnte die Maschine ohne Störungen im Korn- und Strohfluß weiterarbeiten. . . . Auch in diesem Jahr nahm der Rübensamendrusch wieder einen großen Teil der Gesamtarbeit des Mähdreschers ein. Trotz starker Feuchtigkeit von Samen und Stroh konnte die Maschine in allen Einsätzen sehr zufriedenstellend arbeiten und zeichnete sich auch hier wieder durch einen guten Reinheitsgrad des erdroschenen Samens aus. Anerkennend ist hier zu sagen, daß ohne jegliche Änderungen, besonders an den Schüttlerbelägen, diese erfolgreiche Arbeit möglich wurde.

KM 120 mit VW-Aufbaumotor

Sämtl. Bilder zeigen den Mengele-Mähdrescher im praktischen Einsatz

Das sind überzeugende Beweise für die Brauchbarkeit der Mengele-Mähdrescher!
Weitere Urteile aus der Praxis können Sie auf der nächsten Seite lesen.

KARL MENGELE & SÖHNE · MASCHINENFABRIK U. EISENGIESSEREI · GÜNZBURG/DONAU · GEGR. 1872

Und so urteilt der Bauer:

Ernst Gräter, Bauer, **Oberaspach, Kr. Schw.-Hall**
. . . Mit 1953 geliefertem Mähdrescher sehr zufrieden . . . Hier laufen mehrere Mähdrescher, deshalb Vergleichsmöglichkeit. Reinigung bei mir muß als marktfertig bezeichnet werden . . . Kraftbedarf sehr gering, trotzdem gleiche Leistung wie andere mit größerer Schnittbreite.

Peter Johannsen, Bauer, **Sörup, Kr. Flensburg**
. . . zu meiner größten Zufriedenheit gearbeitet . . . Der Sommerweizen „Heines Koga"- bekannt als schwierig im Drusch, selbst für große Dreschmaschinen - wurde einwandfrei sauber ausgedroschen. . . . . auch im schwierigen Gelände war die Arbeitsweise stets fließend und sauber! . . . .

Anton Pröbsting, Landwirt, **Verth b. Telgte/Westfalen**
. . . trotz schlechter Witterungsverhältnisse klappte der erste Einsatz tadellos . . . auf schwierigen Stücken eingesetzt, starkes Lagergetreide, viel Grünzeug, Getreide derart mit Disteln und Wicken überwuchert, daß Ähren kaum zu sehen waren . . .
Ich war erstaunt, wie hier Ihr Mähdrescher die Arbeiten in Schnitt und Drusch zu meiner vollsten Zufriedenheit geschafft hat . . . 100% ausgedroschen, kein Körnerbruch, auch keinen Körnerverlust auf dem Felde . . . Nachbarn waren begeistert . . . Absatzgenossenschaft bestätigte mir, daß der direkt vom Felde abgelieferte Roggen noch von keinem Mähdrescher so sauber zu erhalten war!

Friedrich Matthiesen, Satrupholm, Kr. Flensburg
. . . Der Einsatz des Mengele-Mähdreschers hat mir vollkommen zugesagt . . . trotz anbergigen Geländes genügte er allen Anforderungen . . . Roggen war sehr lang im Stroh. Druschleistung wurde voll ausgenutzt, Bedienung war sehr einfach! . . . Der Einsatz erwies sich sogar im Lohnmähdrusch als rentabel. Die Kosten des sonstigen Lohndrusches liegen genau so hoch, vorteilig war aber, daß beim Mähdrusch der Kornverlust bei weitem nicht so hoch ist. Meine gesamte Erntezeit verkürzte sich wesentlich durch den Mähdrusch!

Weiterhin gingen folgende Telegramme bei uns ein:

Kairo, 14. 6. 54
Mähdreschereinsatz in Ägypten (Juni 1954) voller Erfolg! Trotz schwierigster Bodenverhältnisse (zahllose Bewässerungsgräben) einwandfreie Arbeit! Marktfertige Reinigung allseitig bewundert. Anwesende Ägypter voll des Lobes. Keinerlei Reparatur!
– Bucher –

Milano, 22. 6. 54
Mähdrescher bei größtem Reisbauern (Gegend Vercelli) trotz schwerster Bodenverhältnisse einwandfrei gearbeitet. Brauche noch dringend weitere Maschinen!
Samexmac-Milano-Italia

Mengele-Mähdrescher bei der Arbeit (Luftaufnahme)

Dieses Ergebnis wünscht sich der Bauer! Marktfertig und ohne Körnerbruch

Mengele-Mähdrescher bei der Intern. Mähdrescher-Vorführung in Lissay-Lochy (Frankreich)

Mengele-Mähdrescher in der Überprüfung durch das Landmaschinen-Institut der Universität Göttingen

Mengele

KARL MENGELE & SÖHNE · MASCHINENFABRIK U. EISENGIESSEREI · GÜNZBURG/DONAU · GEGR. 1872

Mengele KM 150 im Jahr 1954 vor dem Verwaltungsgebäude in Günzburg.
Linke Seite und oben: Werbeprospekt von 1954

Herstellung der Mengele Mähdrescher KM 120 Anfang der fünfziger Jahre

New Holland
Sperry/Clayson

Der Firmenname New Holland geht auf die gleichnamige Stadt in Pennsylvania (USA) zurück. Dort gründet der Farmersohn Abe Zimmermann 1895 in einer Pferdescheune die „New Holland Machine Company“. Das ist ein kleiner Betrieb, in dem landwirtschaftliche Maschinen und Motoren verkauft und repariert werden. Niemand ahnt damals, dass sich daraus ein milliardenschwerer Land- und Baumaschinenkonzern entwickeln wird. 1947 fusioniert New Holland mit der amerikanischen Elektrogeräte- und Landtechnikfirma Sperry Corporation zur „Sperry-New Holland“. 1964 erwirbt dieses Unternehmen den belgischen Landmaschinenhersteller Claeys, der 1952 den ersten europäischen selbstfahrenden Mähdrescher auf den Markt gebracht hatte. 1986 kommt Ford ins Spiel: New Holland wird von der Ford Motor Company übernommen. Aber bereits 1991 gibt es erneut eine Rochade. Ford verkauft New Holland samt der eigenen Traktorproduktion an Fiat und zieht sich damit aus dem Landmaschinenbereich zurück.

Fiat darf laut Vertrag nur bis zum Jahr 2000 Traktoren unter dem Markennamen Ford vertreiben. Deshalb bringt Fiat bereits 1993 Traktoren unter der Marke New Holland auf den Markt. Das ist ein geschickter Schachzug der Italiener, denn so können sich die New Holland Schlepper rechtzeitig etablieren. Allerdings erscheinen sie nicht im traditionellen New Holland-Gelb sondern in Ford-Blau. Außerdem sind die Traktoren zunächst mit beiden Markennamen beschriftet: Ford/New Holland. Analog dazu erscheinen die Fiatagri-Schlepper mit der Beschriftung Fiatagri/New Holland. Seit dem Jahr 2000 aber steht nur noch New Holland auf den blauen Traktoren.

Da sind die Mähdrescher besser dran. Sie sind, wie gewohnt, in gelb lackiert. Allerdings steht 1999 schon wieder eine Neuerung an. Fiat übernimmt die Case Corporation und bildet die Case New Holland (CNH), von der Fiat etwa 90 Prozent der Anteile besitzt. Der neue Konzern produziert Land- und Baumaschinen und natürlich ein breites Programm an Mähdreschern, die im belgischen Zedelgem hergestellt werden.

New Holland Clayson 122, ein 87 PS starker Vierschüttler von 1968, der mit Schnittbreiten von 260 bis 300 cm angeboten wurde

New Holland Clayson M 133

Sperry New Holland Clayson 1520

New Holland Clayson 100er Reihe 1966-1972

Eine Verkaufsniederlassung in der Linnenstraße in Bielefeld soll New Holland den westdeutschen Markt erschließen. Dort wird auch ein zentrales Ersatzteillager eingerichtet.

Die 100er Reihe mit den Typen 103, 122, 133, 135 und 140 geht 1966 an den Start. Die Schnittbreiten dieser Vierschüttler reichen von 260 bis zu 350 cm. Für den Antrieb sorgen Motoren mit 79 bis 140 PS.

New Holland Clayson 1500er Reihe 1970-1983

Vier Typen kommen 1970 auf den Markt: 1520, 1530, 1540 und 1550. Die sind ausgestattet mit Schnittbreiten von 260 bis 520 cm und mit Motoren von 75 bis 145 PS. Es handelt sich erneut um Vierschüttler. Die Korntankinhalte staffeln sich von 2 000 bis 3 500 Liter.

Im Jahr 1975 kommen die S-Typen hinzu. Der S 1540 hat Schnittbreiten von 305 bis 457 cm, 115 PS und einen Korntank, der 3 200 Liter aufnehmen kann. Der S 1545 schneidet auf Breiten von 330 bis 520 cm, der Motor ist 120 PS stark und der Korntank 2 900 Liter groß. Stärkster des Trios ist der S 1550 mit 155 PS. Die Schnittbreiten betragen 365 bis 520 cm, der Korntank fasst 3 500 Liter. Mit elektrohydraulischem automatischem Niveauausgleich arbeitet der S 1540 AL, der für Steigungen bis zu 21 Prozent geeignet ist.

Der New Holland Clayson 1530 hat ein Schnittbreiten-Spektrum von 260 bis 457 cm. Zwei Motorvarianten sind lieferbar: 98 und 105 PS. Der Korntank kann bis zu 2 600 Liter aufnehmen

Der New Holland Clayson 1540 ist mit Schnittbreiten von 260 bis 396 cm ausgestattet. Die 100 cm breite Trommel hat 60 cm Durchmesser. Für den Antrieb sorgt ein 115 PS Motor, der Korntankinhalt beträgt 3 200 Liter

Der New Holland Clayson 1545 kommt mit Schnittbreiten bis zu 550 cm auf den Markt. Der Motor leistet 120 PS

Der New Holland Clayson S 1540 AL (oben) ist ein Hangmähdrescher, der mit dem von Sperry New Holland entwickelten elektrohydraulischen automatischen Niveauausgleichssystem arbeitet. Sobald das System über einen auf dem Geländer des Fahrerstandes angebrachten Schalter eingeschaltet ist, passt sich der Mähdrescher wechselnden Hangneigungen in der Längs- und Querebene an

Der S 1540 (links), mit Schnittbreiten bis 457 cm, wird von einem 115 PS starken Motor angetrieben. Der Korntankinhalt beträgt 3 200 Liter

Der mit einem 155 PS Motor ausgestattete New Holland Clayson S 1550
arbeitet mit Schnittbreiten von 365 bis 520 cm

New Holland
Clayson 80er Reihe
1979-1989

New Holland 8080. Die Drehzahl der Haspel kann vom Fahrersitz aus während der Arbeit wechselnden Erntebedingungen angepasst werden

Der relativ weite Dachüberstand der sogenannten Vollsichtkabine reduziert die Sonneneinwirkung und Aufhitzung. Die hydrostatische Lenkung und der verstellbare gepolsterte Sitz vervollständigen den Komfort des Fahrers

Die 80er Reihe, das sind die New Holland Mähdrescher der achtziger Jahre. Vom 8030, der für kleinere Flächen konzipiert wurde, bis zum Großmähdrescher 8080 wird für jeden Bedarf die passende Maschine angeboten. Alle Typen sind mit der sogenannten Vollsichtkabine als Zusatzausrüstung lieferbar. Die Kabine ist mit blendfreiem, getönten Glas und mit Gebläse, Kühlung oder einer vollständigen Klimaanlage zu haben.

1979 erscheinen als erste der neuen Reihe die beiden größten, der 8080 und der 8070. Je nach Gelände und Erntegut stehen dem 8080 Schneidwerke mit Schnittbreiten von 396 bis 670 cm zur Verfügung. Die Schnitthöhe ist vom Fahrersitz aus hydraulisch einstellbar von -11 cm bis +120 cm. Die Messergeschwindigkeit beträgt 1 060 Hübe pro Minute. Die 156 cm breite Dreschtrommel mit acht Schlagleisten hat 60 cm Durchmesser. Die sechs Schüttler ergeben eine Gesamtfläche von 5,214 m^2. Der Korntank mit 6 340 Liter Fassungsvermögen verfügt über eine Abtankgeschwindigkeit von 53 Liter pro Sekunde. Das Auslaufrohr, das vom Fahrerstand aus hydraulisch bedient wird, entleert in jeder Stellung. Serienmäßig wird der 8080 mit hydrostatischem Fahrantrieb und einem Sechszylinder Mercedes Motor mit 212 PS geliefert. Als Wahlausrüstung kann ein stufenloser mechanischer Fahrantrieb gewählt werden. Bei dieser Variante ist ein Sechszylinder Fiat Motor mit 170 PS obligatorisch. Die Maße: Höhe mit

„Je frischer und komfortabler sich der Fahrer fühlt, desto besser arbeitet er.“ Die zentrale Anordnung des Fahrerstandes und die schwenkbare Lenksäule verbessern die Sicht

New Holland 8070. Die ausklappbare Wartungsplattform bietet Zugang zum Hauptantrieb, zum Hydraulikpumpenantrieb, zum Motorölablass, zum Werkzeugkasten und zu den Batterien

Zunächst über einen Elevator, dann über eine Schnecke, gelangen die Körner genau in die Mitte des 5 640 Liter fassenden Korntanks des New Holland 8070. Wenn der Tank voll ist, hebt das Getreide automatisch den Deckel an und gibt so dem Schlepperfahrer ein Zeichen

Die großen Mähdrescher von New Holland, wie dieser 8070, sind mit dem patentierten Zentrifugalabscheide-System ausgestattet. Dabei erfolgt durch eine plötzliche Geschwindigkeits- und Richtungsänderung des Erntegutes und die zusätzlich vorhandene Reibfläche eine weitestgehende Abscheidung der Körner, bevor das Gut auf die Schüttler gelangt

Kabine 3 920 mm, Länge mit Schneidwerk 8 820 mm, Breite ohne Schneidwerk 2 980 mm, Gewicht 8 900 kg.

Beim 8070, dem kleineren Bruder des 8080, sind insbesondere die Motoren geringer dimensioniert. Der 8070 ist mit einem Sechszylinder Mercedes Motor mit 141 PS oder einem Sechszylinder Ford Motor mit 138 PS lieferbar. 1985 werden die Motoren auf 150 PS (Mercedes) und 156 PS (Fiat) verstärkt. Die Schnittbreiten sind mit denen des 8080 identisch, die Schnitthöhe ist von -17 bis +114 cm verstellbar. Unebene Flächen gleicht die hydropneumatische Schneidwerksentlastung aus. Der Durchmesser der Dreschtrommel ist 60 cm, die Breite beträgt 130 cm. Die Gesamtfläche der fünf Schüttler beläuft sich auf 4,36 m². Der Korntank fasst 5 640 Liter. Die Maße sind gegenüber dem 8080 völlig unverändert. Als Zusatzausrüstung werden unter anderen Hochleistungs-Maisvorsätze mit Schnellkupplung, elektronische Durchsatzkontrolle, horizontale hydraulische Haspelverstellung, Sonnendach, Kabine mit Ventilator oder Klimaanlage, Schneidwerktransportwagen oder größere Bereifung offeriert.

1980 gesellen sich die Typen 8060 und 8050 hinzu. Der 8060, das „Spitzenmodell unter den mittelgroßen Mähdreschern" wie es in der Werbung heißt, wird von einem Sechszylinder Dieselmotor mit 116 PS angetrieben. Die Palette der Schnittbreiten reicht von 335 bis 518 cm. Die Haspelhöhe ist auch beim 8060 vom Fahrersitz aus hydraulisch verstellbar. Die Dreschtrommel ist 130 cm breit, der Durchmesser beträgt 60 cm. Die fünf Schüttler bilden eine Fläche von insgesamt 4,36 m². Der 4 580 Liter Korn-

Der New Holland 8060 arbeitet mit elektrischem Haspeldrehzahl-Variator, reversierbarem Schneckenantrieb und hydropneumatischer Schneidwerksentlastung. An- und Abbau des Schneidwerks geschieht mittels Schnellkupplung und einfacher Zapfwellenverbindung für den Antrieb

New Holland Mähdrescher in ihrem Element: Oben der 8060, unten der 8050

tank kann mit dem 3,50 m langen Auslaufrohr in einer Geschwindigkeit von 53 Liter pro Sekunde abgetankt werden. Das Auslaufrohr ist vom Fahrerstand aus hydraulisch bedienbar. Mit Schneidwerk wiegt der 8060 rund 7 550 kg, ist 8 820 mm lang, ohne Schneidwerk 2 990 mm breit und ohne Kabine 3 760 mm hoch.

Der 8050 ist „groß in der Leistung, wirtschaftlich im Einsatz, sparsam mit den Kosten“, so verheißt es der Verkaufsprospekt. Die Motorisierung ist vom 8060 übernommen. Die Schnittbreiten reichen von 305 bis 457 cm, die Schnitthöhe von -15,2 bis +117 cm. Die Trommel ist 104 cm breit, der Durchmesser beträgt 60 cm. Vier Schüttler mit einer Gesamtfläche von 3,50 m^2 stehen dem 8050 zur Verfügung. Der Korntank kann bis zu 3 872 Liter aufnehmen. Die Maße: Höhe mit Kabine 3 900 mm, Länge mit Schneidwerk 8 820 mm, Gewicht mit Schneidwerk 7 046 kg.

1983 kommen die für kleine bis mittlere Flächen konzipierten Varianten 8030 und 8040 auf den Markt. Diese Mähdrescher sind mit den gleichen Schneidwerken ausgerüstet, die sich bereits in den größeren Typen bewährt haben. Schnittbreiten sind von 260 bis 365 cm zu haben. Die Dreschtrommel dieser Vierschüttler ist 104 cm breit und hat 60 cm Durchmesser. Beide Mähdrescher werden mit Dieselmotoren geliefert, jeweils in zwei Varianten: Der 8030 mit 88 oder 103 PS, der 8040 mit 113 oder 123 PS. Der Korntank des 8030 ist zunächst für 2 819 Liter ausgelegt, 1985 wird der Korntank auf 3 134 Liter vergrößert. Der Korntank des 8040 kann bis zu 3 172 Liter fassen. Der 8030 ist mit Schneidwerk 850 cm lang und bringt 5 443 kg auf die Waage.

Die Kontrollhebel des New Holland 8050 sind in Reichweite des Fahrers installiert. Kontrollinstrumente, Warnanlagen und Knöpfe sind auf einem in Augenhöhe angebrachten Armaturenbrett angeordnet

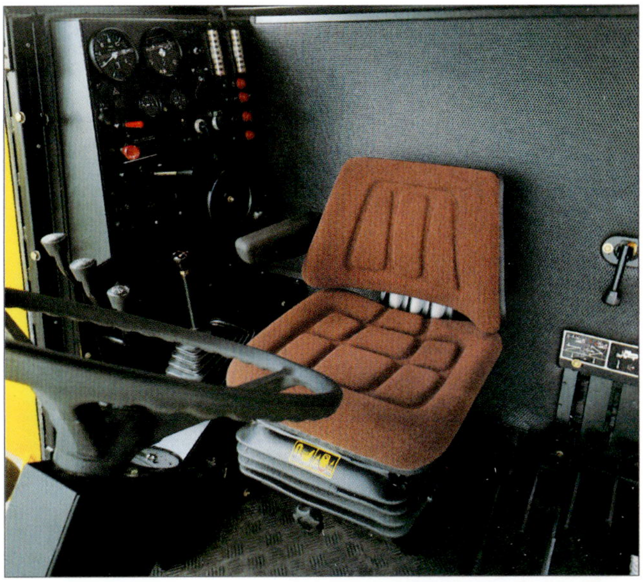

Das korndichte, hydraulisch bedienbare Auslaufrohr entlädt in jeder Stellung mit einer Durchschnittsleistung von 53 Liter pro Sekunde. Der Tank ist in weniger als zwei Minuten leer. Die große Bodenfreiheit des Auslaufrohrs erleichtert die Arbeit mit langen, hohen Wagen

New Holland 8030. Die Einzugsschnecke ist durch eine akustische Rutschkupplung an den Antrieben gesichert. Bei Überlastung macht ein Knattern den Fahrer aufmerksam

Mit neuen Schneidwerken und schwarz lackierter Haspel erscheint 1985 der 8055. Durch die mattschwarze Lackierung sollen Spiegelungen und Reflexe bei schneller Haspelumdrehung vermieden werden. Vier Schnittbreiten werden angeboten: 305, 365, 396 und 457 cm. Die Schnitthöhe ist von -8 bis +127 cm einstellbar. Die Dreschtrommel von 130 cm Breite hat 60 cm Durchmesser. Die fünf Schüttler bilden eine Fläche von 4,74 m^2. Für den Antrieb sorgt ein Sechszylinder Dieselmotor von Ford mit 123 PS. Der Korntank, dessen Auslaufrohr 350 cm lang ist, hat ein Fassungsvermögen von 4 050 Litern. Mit Kabine kommt der 8055 auf 3 910 mm Höhe, ohne Kabine auf 3 640 mm. Die Länge mit Schneidwerk beträgt 8 500 mm, die Breite ohne Schneidwerk 2 980 mm und das Gewicht mit Schneidwerk 7 252 kg.

Als Zusatzausrüstung werden vier- bis achtreihige Maispflückvorsätze angeboten, Strohhäcksler, Schneidwerkswagen und anderes.

New Holland 8030. Der Korntank ist zwischen Fahrerstand und Motor angeordnet, das wirkt sich positiv auf die Gewichtsverteilung und den Geräuschpegel aus

New Holland 8055. Die Haspel wird durch einen Keilriemen angetrieben und ist vom Fahrersitz aus hydraulisch höhenverstellbar

New Holland TF 42 (oben) und TF 44 (unten). Die Schneidwerke sind zunächst wieder gelb lackiert

New Holland
TF-Reihe
1984-2002

Eine Reihe neuer Großmähdrescher bringt New Holland 1984 auf den Markt. Drei Varianten gehen an den Start. Der kleinste des Trios, der TF 42, wird mit Schnittbreiten von 457 bis 610 cm angeboten. Der Motor leistet 200 PS und der Korntank fasst 6 340 Liter. Der TF 44 ist in denselben Schnittbreiten lieferbar, allerdings stehen hier zwei Motorversionen zur Verfügung: 226 oder 253 PS. Der Korntankinhalt beträgt 7 050 Liter. Stärkster ist der TF 46 mit Schnittbreiten von 610 bis 732 cm, 280 PS und 9 150 Liter Korntank.

1989 werden die Motorleistungen angehoben. Der TF 42 arbeitet jetzt mit 205 PS, der TF 44 mit 250 PS und der TF 46 mit 330 PS. 1995 werden der TF 42 und der TF 44 eingestellt. Der TF 46 wird von dem neuen Mähdrescher TF 78 Elektra abgelöst. Schnittbreiten und Motorleistung verändern sich nicht, aber der Korntank wird auf 9 500 Liter vergrößert. 1996 wird dem TF 78 Elektra ein etwas kleinerer Bruder zur Seite gestellt, der TF 76 Elektra. Der wartet mit Schnittbreiten von 518 bis 732 cm auf, hat einen 260 PS Motor und einen 8 000 Liter Korntank.

1997 werden die beiden Mähdrescher überarbeitet und verstärkt. Damit das auch in der Bezeichnung zum Ausdruck kommt, wird ihnen das „Plus" angehängt. Der TF 78 Elektra Plus hat Schnittbreiten von 610 bis 915 cm und 360 PS, der TF 76 Elektra Plus wird mit Schnittbreiten von 610 bis 732 cm und 286 PS angeboten.

New Holland Mähdrescher TF 46 mit 330 PS in Aktion

Der New Holland Mähdrescher TF 46 arbeitet mit Schnittbreiten bis zu 732 cm. Er wird zunächst mit 280 PS, später mit 330 PS starken Motoren ausgestattet

Mit 260 PS und einem 8 000 Liter fassenden Korntank wartet der New Holland TF 76 Elektra auf. Der TF 76 Elektra Plus ist mit 286 PS motorisiert

Noch größer dimensioniert ist der Korntank des New Holland TF 78 Elektra, der 9 500 Liter fassen kann. Der TF 78 Elektra Plus ist mit Schnittbreiten bis 915 cm und 360 PS der stärkste Vertreter der TF-Reihe

New Holland TX 34 (oben) und TX 32 (unten). Der TX 34 wird zunächst mit 162 PS angeboten, später wahlweise mit 183 oder 205 PS

New Holland
TX Reihe ab 1986

Zunächst kommt der TX als kleinere Ergänzung zum TF auf den Markt. Er entwickelt sich aber im Lauf der Baujahre zu einer eigenständigen Reihe, die das gesamte Spektrum vom Mähdrescher für kleinere bäuerliche Betriebe bis zum Großmähdrescher belegt. Erster dieser Reihe ist der TX 34, der mit Schnittbreiten von 365 bis 518 cm ausgestattet ist. Der Motor leistet 162 PS, der Korntankinhalt beträgt 6 000 Liter. 1989 gibt es für den TX 34 Schnittbreiten von 396 bis 610 cm und zwei Motoren mit 183 oder 205 PS zur Auswahl. 1995 wird der TX 34 vom TX 64 abgelöst.

1989 kommen die beiden kleineren Mähdrescher TX 32 und TX 30 hinzu. Der TX 32 ist mit Schnittbreiten von 366 bis 518 cm im Programm, wird von einem 155 PS Motor angetrieben und hat einen 5 600 Liter Korntank. Der TX 30 muss sich mit Schnittbreiten von 366 bis 457 cm, 140 PS und einem 4 930 Liter Korntank begnügen. Ebenfalls 1989 erscheint der TX 36, der mit Schnittbreiten von 518 bis 732 cm, 240 PS und 7 700 Liter Korntank die größte Maschine dieser 30er Serie ist, die 1994/95 komplett durch die 60er Serie ersetzt wird.

Die startet 1994 mit den Großmähdreschern TX 68 und TX 66, die beide mit Schnittbreiten von 518 bis 732 cm arbeiten. Der TX 68 ist mit einem 280 PS Motor und einem 9 500 Liter Korntank ausgestattet. Der Motor des TX 66 hat 255 PS, der Korntank fasst 8 000 Liter. 1995 kommen die Typen TX 65, TX 64 und TX 62

New Holland TX 32 (oben) und TX 36 (unten), der eine Menge Staub aufwirbelt

Mähdrescher der gehobenen Mittelklasse: New Holland TX 63, bei dem man unter den Motorvarianten 206, 226 und 238 PS auswählen kann

hinzu, die mit Schnittbreiten bis zu 610 cm arbeiten. Die Motoren leisten 185, 205 beziehungsweise 220 PS. Der Korntank des TX 62 fasst 6 500 Liter, der TX 64 und der TX 65 sind mit 7 200 Liter Korntanks ausgerüstet.

Eine Überarbeitung der TX-Reihe erfolgt 1997. Neu hinzu kommen die 5-Schüttler TX 63, TX 64 Plus und TX 65 Plus. Der TX 63 wird mit Schnittbreiten von 396 bis 518 cm geliefert. Drei Motorvarianten stehen

zur Auswahl: 206, 226 und 238 PS. Der Korntankinhalt beträgt 7 200 Liter. Der TX 64 Plus ist mit Schnittbreiten von 457 bis 610 cm zu haben, man kann zwischen Motoren mit 220 und 246 PS wählen und der Korntank fasst 7 200 Liter. Einen 8 000 Liter Korntank hat der TX 65 Plus, der mit Schnittbreiten von 518 bis 610 cm aufwartet und Motoren mit 246, 261 und 281 PS anbietet.

Bei den 6-Schüttlern sind 1997 der TX 67 und der TX 68 Plus neu im Programm. Während die Daten des TX 67 von denen des TX 66 kaum differieren, bietet der TX 68 Plus im Jahr 1997 das Maximum an Höchstleistungen bei New Holland: Schnittbreiten von 518 bis 915 cm, Motorenauswahl mit 283, 310 und 325 PS, Korntankinhalt 9 500 Liter.

Von oben nach unten: New Holland Mähdrescher TX 62, TX 64 und TX 65
Kleines Bild links: TX 63

Von oben nach unten: New Holland TX 66, TX 67, TX 68 und TX 65. Das Maispflückgerät ist als Sonderausstattung lieferbar

New Holland
TC-Reihe ab 1989

Bei der neuen Reihe handelt es sich durchgehend um kompakte Mähdrescher, die auch auf kleineren Flächen rentabel einsetzbar sind. 1989 starten die Typen TC 52, TC 54 und TC 56 mit Schnittbreiten von 305 bis 518 cm und Motoren von 110 bis 155 PS.

1995 wird die Reihe ergänzt durch den 4-Schüttler TC 54 Hydro mit Schnittbreiten von 305 bis 457 cm, 155 PS und 3 982 Liter Korntank und durch den 5-Schüttler TC 56 Hydro mit Schnittbreiten von 366 bis 518 cm, 170 PS und 4 828 Liter Korntank. Zwei Jahre später wird der TC 56 Hydro mit wahlweise 182, 204 oder 226 PS Motoren angeboten und der Korntank auf 5 200 Liter vergrößert. Bei den Versionen der Jahre 2003 und 2005 ist der TC 56 Hydro ausschließlich mit 204 PS lieferbar.

Unter der Bezeichnung AL 59 Hillside erscheint 1995 ein Hangmähdrescher mit Schnittbreiten von 457 bis 518 cm, 185 PS und 5 200 Liter Korntank, der auf dem TC 56 basiert. Im Jahr 2003 wird die Motorleistung auf 204 PS angehoben. Der AL 59 hat eine Vorderachse mit Spurverstellung und Hangausgleich bis 38 Prozent.

Von oben nach unten: New Holland Mähdrescher TC 52, TC 56 RS (Rotary Separator) und AL 59 Hillside (Hangausgleich). Links: TC 54

New Holland L-Reihe MCS 1999-2001

Den Antrieb des New Holland L 523 MCS besorgt ein 235 PS Motor.
Der L 626 MCS (unten) ist in Fiatagri-Rot lackiert

Nur eine relativ kurze Zeitspanne, von 1999 bis 2001, wird die L-Reihe angeboten, deren besonderes Merkmal der Multi-Crop Separator (MCS) ist. Dabei handelt es sich um ein zusätzliches Abscheideblech über der zweiten Trommel. Es sind Mähdrescher der gehobenen Mittelklasse mit Schnittbreiten von 390 bis 660 cm. Die Leistung der Motoren reicht von 196 bis 270 PS, die Korntanks haben 7 000 beziehungsweise 7 500 Liter Inhalt.

Mit der Zusatzbezeichnung „Integrale“ ist die L-Reihe mit Hangausgleich lieferbar, wobei der Ausgleich 20 Prozent zur Seite und acht Prozent zur Länge beträgt.

Der 5-Schüttler CX 780 wird von einem 299 PS starken Motor angetrieben, der Korntank fasst 9 000 Liter

New Holland
CX-Reihe ab 2001

Von oben nach unten: New Holland CX 840 mit 299 PS, Top-Modell CX 880 mit 374 PS und CX 760 mit Maisausrüstung und 281 PS

Alles, was in den neunziger Jahren an hydraulischen, elektrischen und elektronischen Systemen im Mähdrescherbereich entwickelt wurde, fließt in die CX-Reihe ein. Im Mittelpunkt der komfortablen Kabine mit Klimaautomatik gibt der InfoView Monitor gut ablesbare Informationen über die Betriebsdaten und Einstellungen. Alle Bedienelemente sind in der Tat bedienerfreundlich platziert.

Die 5-Schüttler (CX 700er Serie) sind mit Schnittbreiten von 396 bis 732 cm lieferbar. Die Motoren bieten Leistungen von 218 bis 299 PS. Die Korntanks sind in den Größen von 7 600 bis 9 000 Liter Inhalt dimensioniert.

Noch mehr zu bieten haben die 6-Schüttler (CX 800er Serie), die mit Schnittbreiten von 518 bis 915 cm arbeiten. Die Motoren zählen zu den leistungsstärksten Mähdreschermotoren der Welt. Sie beginnen bei 281 PS im CX 820 und reichen bis zu 374 PS im CX 880. Die Korntanks fassen 9 000 beziehungsweise 10 500 Liter.

New Holland CS 640 (ganz oben) und CS 660 (oben und unten), 6-Schüttler mit Schnittbreiten bis zu 732 cm

New Holland CS-Reihe ab 2002

Mit zwei 5-Schüttlern und zwei 6-Schüttlern kommt die neue CS-Reihe auf den Markt. Alle Modelle haben einen hydrostatischen Antrieb. Der Zentrifugalabscheider ist beim CS 540 und beim CS 640 auf Wunsch erhältlich, beim CS 660 serienmäßig. Der Zentrifugalabscheider, auf dessen Erfindung New Holland besonders stolz ist, vergrößert die Zwangsabscheidefläche mit dem Dreschkorb von 0,63 m^2 beziehungsweise 0,75 m^2 und sorgt für zusätzliche Abscheideleistung. Die Schnittbreiten reichen von 366 bis 732 cm, die Motorleistungen von 204 bis 281 PS. Den größten Korntank hat der CS 660, der 8 800 Liter fasst.

New Holland CR-Reihe ab 2003

Der Schüttler ist wegen seines großen Raumbedarfs ein leistungsbegrenzendes Bauteil. Die CR-Reihe arbeitet mit zwei Längsrotoren. Diese Rotoren mit kleinem Durchmesser erzeugen eine hohe Fliehkraft. Eine Trommel mit verstellbarem Korb hinter den Rotoren bietet eine zusätzliche Restkornabscheidung. In Verbindung mit extrem großen Korbflächen wird eine enorme Abscheideleistung erreicht.

Zwei Typen kommen: Der CR 960 mit 333 PS und der CR 980 mit 428 PS. Die Schnittbreiten reichen von 518 bis 915 cm. Der Korntank des CR 960 fasst 9 000, der des CR 980 10 500 Liter. Die Dresch- und Abscheidefläche beim CR 960 beträgt 2,43 m^2, beim CR 980 3,06 m^2.

Der 5-Schüttler CS 540 (oben) zeigt seine Einzugsorgane.
Der CR 980 (unten) entleert seinen 10 500 Liter fassenden Korntank

Der CR 980 arbeitet mit zwei Längsrotoren, beziehungsweise dem Twin-Rotor-System, wie es bei New Holland heißt

Sampo Rosenlew

Im 17. Jahrhundert kämpft ein Major deutscher Abstammung mit großem Erfolg in der finnisch-schwedischen Armee. Das imponiert dem schwedischen König so sehr, dass er den Major mit dem Namen Rosenlew adelt. Dessen Nachfahren gründen 1853 in Pori (Finnland) die Bauholz-Gesellschaft W. Rosenlew. Der Name Sampo entstammt einem finnischen Traditionsepos, in dem eine verzauberte Mühle dieses Namens ihren Besitzer reich und mächtig macht. Keine schlechte Idee, diesen Begriff dem Firmennamen voranzustellen, es scheint ja auch gewirkt zu haben ...

Neben dem Bauholzhandel nimmt Rosenlew bald die Herstellung von landwirtschaftlichen Geräten auf. Anfang des 20. Jahrhunderts kommen stationäre Dreschmaschinen ins Produktionsprogramm. 1957 wird der erste selbstfahrende Mähdrescher vorgestellt und noch im selben Jahr rollen die ersten 300 Exemplare bei Sampo Rosenlew vom Band. Weil die Mähdrescher immer erfolgreicher werden, konzentrieren sich die landtechnischen Aktivitäten danach ausschließlich auf dieses Produkt.

1961 kommt ein neues Modell auf den Markt, der Sampo 792 LP, der mit 220 cm Schnittbreite für mittelgroße bis große Betriebe geeignet ist und der von einem 39 PS Perkins Dieselmotor angetrieben wird. Von 1961 bis 1965 werden 1 812 Exemplare abgesetzt. Es folgt der Sampo 10, von dem in den folgenden 14 Jahren mehr als 10 000 Stück hergestellt werden. Die Schnittbreite dieses 43 PS Mähdreschers beträgt ebenfalls 220 cm. 1971 werden die Typbezeichnungen in Sampo Rosenlew 25 und 35 geändert. Nachfolgemodelle erscheinen unter SR 310 und SR 360.

1971 kommt ein ganz neuer Typ auf den Markt, der SR 40 mit 300 cm Schnittbreite, 82 PS Valmet-Motor und vier Schüttlern, der sich 1973 zum SR 410 und SR 460 mit Schnittbreiten bis 350 cm weiterentwickelt. 1976 stellt Sampo Rosenlew diese Mähdrescher als große Neuheit mit Wendeschüttlern vor und 1977 gibt es die ersten Modelle mit Fahrerkabinen. In der Folgezeit werden aus dem SR 410 und dem SR 460 die Typen SR 600 und SR 650, die schließlich 1985 erneut modfiziert und in SR 680 und SR 690 umbenannt werden.

1978 erscheint ein mittelgroßer Vierschüttler mit 258 cm Schnittbreite, der heute fast schon legendäre SR 500. Die 86 cm breite Dreschtrommel mit sieben Leisten hat 50 cm Durchmesser. Der Korntank fasst, mit Abdeckung, 2 100 Liter. Der 64 PS Valmet Motor ist an der rechten Seite positioniert und quer zum Drescher angebracht. 1980 wird der SR 500 in seiner Größenklasse Dreschleistungs-Sieger bei von finnischen und schwedischen Prüfanstalten durchgeführten Tests. 1985 entwickelt sich der SR 500 zum SR 580 und in den neunziger Jahren zum SR 2020 und SR 2025.

Legendärer Mittelklasse-Mähdrescher: Der SR 500

Parzellenmähdrescher SR 2010

1998 kommt es zu einer Kooperation in Vertrieb und Entwicklung bei Parzellenmähdreschern mit dem österreichischen Unternehmen Wintersteiger. Hier der Wintersteiger classic mit Schnittbreiten von 150 bis 230 cm

Der SR 2035 ist mit Schnittbreiten von 310 oder 345 cm ausgestattet. Alle Einstellungen am Schneidwerk lassen sich mittels Druckschalter in der Fahrerkabine vornehmen

In Deutschland wird der Sampo Rosenlew 500 von Sperry New Holland vertrieben und auch bei Massey Ferguson ist er zu haben: Als roter MF 133 und die Folgetypen unter den Bezeichnungen MF 16, MF 17 und MF 19. Insgesamt werden von dieser Modellreihe, die von 1978 bis 1997 gebaut wird, mehr als 10 000 Exemplare produziert.

Mit einer eigenen Vertriebsniederlassung in Deutschland will Sampo Rosenlew die kleineren und mittleren Landwirte für seine Mähdrescher gewinnen. 1996 ist die Gründung beschlossene Sache. Wie bereits zuvor New Holland, zieht es auch Sampo Rosenlew ins westfälische Bielefeld, das geografisch zentral in Deutschland liegt. Der Vertriebsniederlassung wird ein Ersatzteillager angegliedert.

Sampo Rosenlew SR 2010 ab 1997

Dieser 3-Schüttler wird ab 1997 in Deutschland angeboten. Es handelt sich um einen speziell für Versuchsfelder und Vermehrungsdrusch Anfang der neunziger Jahre entwickelten Mähdrescher. Das Schneidwerk, mit Schnittbreiten von 150, 200 oder 230 cm, ist für die Anforderungen im Vermehrungsdrusch ausgelegt. Serienmäßig wird der SR 2010 mit einem 70 PS starken Detroit Dieselmotor geliefert, auf Wunsch steht ein 80 PS Turbomotor zur Verfügung. Der hydrostatische Fahrantrieb arbeitet mit drei stufenlos verstellbaren Gängen. Die 78 cm breite Dreschtrommel hat 50 cm Durchmesser. Der Korntank fasst 1 500 Liter.

Der SR 2010 kann mit offener Fahrerplattform oder extrabreiter Kabine geliefert werden, die auf Wunsch mit Klimaanlage ausgerüstet ist. Akustische und optische Überwachungseinrichtungen sorgen dafür, dass der Fahrer jederzeit alle Funktionen unter Kontrolle hat. Der Parzellenmähdrescher bringt inklusive Kabine 3 400 kg auf die Waage, ist mit Schneidwerk 6 400 mm lang, 2 500 mm breit und mit Kabine 3 300 mm hoch.

Sampo Rosenlew SR 2035, 2045, 2055 ab 1997

Bei dieser Reihe handelt es sich um Vier-Schüttler, die ebenfalls ab 1997 in Deutschland auf dem Markt sind. Der SR 2035 hat Schnittbreiten von 310 und 345 cm. Der Durchmesser der 111 cm breiten Dreschtrommel beträgt 50 cm, der Korntank fasst 3 300 Liter. Für den Antrieb ist ein Vierzylindermotor mit 100 PS zuständig. Inklusive Schneidwerk und Kabine wiegt der SR 2035 rund 5 000 kg. Er ist mit Schneidwerk 8 400 mm lang, 3 490 mm breit und mit Kabine 3 400 mm hoch.

Beim SR 2045 werden Schneidwerke mit Arbeitsbreiten von 310, 345 und 390 cm angeboten. Das Korntankvolumen von zunächst 3 300 Litern wird 2003 auf 3 700 Liter vergrößert. Ähnlich verhält es sich bei der Motorleistung, die von 100 PS auf 115 PS angehoben wird. Außerdem steht ab 2003 wahlweise ein Sechszylindermotor mit 130 PS zur Verfügung. Mit Schneidwerk und Kabine ist der SR 2045 rund 6 000 kg schwer, 8 630 mm lang, 3 490 mm breit und

Alle Instrumente und Schalter sind auf der rechten Fahrerseite angeordnet. Zur Grundausstattung gehören Klimaanlage, Heizung und Radio

„Der Händler am Ort ist verantwortlich für den Kundendienst. Sein Personal ist in unserem Werk geschult und daher mit der neuesten Technik vertraut ...“ heißt es in einem Verkaufsprospekt von Sampo Rosenlew. SR 2045 (unten)

SR 2055 in seinem Element. Das Auslaufrohr des 4 200 Liter Korntanks kann bis zu einer Höhe von 330 cm entladen

Die Schnittbreiten der Modelle SR 2045, SR 2055 und SR 2065 reichen von 310 bis 450 cm

mit Kabine 3 500 mm hoch. „Sampo Rosenlew Mähdrescher sind Allesdrescher“ heißt es in der Werbung. Und in der Tat: Zur Maisernte wird ein vierreihiger Pflücker angeboten. Der Anbau erfolgt am Schrägförderer, der serienmäßig für die Maisernte ausgelegt ist. Für die Sonnenblumenernte gibt es einen sechsreihigen Vorsatz oder eine Zusatzausrüstung für das Getreideschneidwerk, und für die Rapsernte bietet Sampo Rosenlew eine Ausstattung mit einem oder zwei elektrischen Seitenmessern an.

Der SR 2055, erster der Baureihe 2000, erscheint bereits 1990, ist in Deutschland aber erst seit Eröffnung der Niederlassung 1997 im Vertrieb. Allerdings gab es schon eine baugleiche Version bei Massey Ferguson, den MF 25. Die Schnittbreiten, anfangs 310 und 340 cm, werden später auf 345 bis 420 cm erweitert. Die Trommelbreite beträgt 111 cm, der Durchmesser 50 cm, der Korntankinhalt 4 200 Liter, später 4 600 Liter. Der Motor, ein Valmet mit 120 PS, ist Sampos erster Sechszylinder. Mit Kabine kommt der SR 2055 auf 6 500 kg. Er ist mit Schneidwerk 8 680 mm lang, 4 300 mm breit und 3 500 mm hoch.

Sampo Rosenlew SR 2065, 2075, 2085 ab 1997/1999

Sampos erster Fünf-Schüttler, der SR 2065, wird mit der Standardschnittbreite 450 cm geliefert, ist aber auch mit 420 und 390 cm zu haben. Der Korntank fasst 4 200 Liter. Der Valmet 611 DSL Motor leistet 140 PS. Wie bereits der SR 2045 und der SR 2055 ist der SR 2065 mit hydrosta-

Der SR 2065 ist mit hydrostatischem oder mechanischem Fahrantrieb lieferbar. Sechszylindermotor mit 140 PS, Arbeitsbreiten von 390, 420 und 450 cm

Der SR 2075 TS ist mit einer Vordreschtrommel ausgerüstet. Die Standard-Arbeitsbreite beträgt 480 cm

SR 2085 TS: Hydrostatischer Fahrantrieb, 185 PS

tischem Fahrantrieb ausgestattet, ein mechanischer Fahrantrieb ist auf Wunsch lieferbar. Der SR 2065 bringt es mit Kabine auf 7 000 kg Gewicht, mit Schneidwerk auf 8 680 mm Länge, 4 600 mm Breite und 3 500 mm Höhe.

Der SR 2075 TS (TS-Modelle sind mit einer Vordreschtrommel ausgerüstet) ist ausschließlich mit hydrostatischem Fahrantrieb im Programm. Die Schnittbreiten reichen von 420 bis 480 cm, der Korntankinhalt beträgt 4 600 Liter. Der SR 2075 TS hat zunächst einen 160 PS Motor, der 1999 durch eine 185 PS starke Maschine ersetzt wird. Gleichzeitig wird eine neue Vorderachse eingebaut und der Korntankinhalt auf 5 100 Liter ausgebaut. Außerdem heißt der SR 2075 TS nun SR 2085 TS, wiegt mit Kabine 7 700 kg, ist mit Schneidwerk 9 100 mm lang, 4 900 mm breit und 3 500 mm hoch.

Der SR 2085 TS ist das Spitzenmodell der Baureihe 2000. Er arbeitet mit einem Zwei-Trommel-Abscheidesystem. Die Vordreschtrommel besteht aus einem Zylinder, auf dem fächerartige Schläger aufgeschweißt sind. Die Drehzahl des Vorabscheiders ist dieselbe wie die der Dreschtrommel, wobei der Durchmesser mit 40 cm etwas geringer ist. Vordreschtrommel und Dreschtrommel bilden ein Tandem. Die Vordreschtrommel hat eine Doppelfunktion: Eine bis zu 30-prozentige Abscheidung bereits vor der Dreschtrommel und eine gleichmäßigere Zufuhr und Verteilung des Materials vor dem eigentlichen Ausdrusch. Durch die unterschiedlichen Geschwindigkeiten wird das zugeführte Material zweimal beschleunigt. Das bedeutet maximale Abscheideleistung bei minimaler Kornbeschädigung.

Sampo Rosenlew
SR 3045, 3065
ab 2001
SR 3085 TS
ab 2003

Im neuen Jahrtausend kommen die Sechs-Schüttler. Damit bietet Sampo Rosenlew jetzt erstmals für Großbetriebe passende Mähdrescher an. Zunächst erscheinen die Typen SR 3045 und SR 3065. Das Schneidwerk bietet Arbeitsbreiten von 450 bis 510 cm. Die 133 cm breite Dreschtrommel hat 50 cm Durchmesser. Der Korntank fasst 6 000 Liter, die Entladehöhe beträgt 400 cm. Für den SR 3045 gibt es Sisu-Dieselmotoren mit 175 oder 200 PS, der SR 3065 ist mit 200 oder 220 PS motorisiert. Der SR 3045 wiegt mit Schneidwerk und Kabine 11 370 kg, der SR 3065 ist nur geringfügig schwerer: 11 420 kg. Der SR 3045 ist serienmäßig mit dem Verlustmonitor LG 865 ausgerüstet, der SR 3065 mit dem Leistungsmonitor LH 965. Beide sind GPS-fähig.

Der größte Mähdrescher von Sampo-Rosenlew wird 2003 auf der Agritechnica vorgestellt: Der SR 3085 TS, der – wie bereits der SR 2085 TS – mit der Vordreschtrommel arbeitet. Die Arbeitsbreiten des Schneidwerks reichen von 510 bis 630 cm. Die Dreschtrommel misst 133 cm in der Breite und 50 cm im Durchmesser. Der Korntank hat ein Volumen von 8 100 Litern. Angetrieben wird die Maschine von einem Sechszylinder Sisu Motor mit 250 PS. Der SR 3085 TS wiegt mit Schneidwerk 12 600 kg und ist ohne Schneidwerk 7 920 mm lang und 3 950 mm hoch.

Für die 3000er Reihe entwickelt Sampo Rosenlew eine neue Generation von Schneidwerken mit neuem Messerantrieb

Mit Vordreschtrommel: Spitzenmodell SR 3085 TS

	Erstes Baujahr	Schnittbreite cm	Korntank	Trommelbreite cm	Schüttler Anzahl	Motor PS
Lanz						
Prototyp	1938	100	Absackstand			gezogen
MD 180	1953	180	Absackstand	140	4	gezogen
MD 195	1953	195	Absackstand	140	4	gezogen
MD 120	1954	120	Absackstand	80		gezogen
MD 14 Z	1956	120	Absackstand	80	4	gezogen
MD 260 S	1954	260	Absack/Tank	140	4	55
MD 18 S	1956	194	Absack/Tank	80	4	34
Massey Ferguson						
Clipper	1953	180	Absackstand	150		gezogen
890/780	1952/1953	290/260	Absackstand		4	66/56
MD 630/MD 630 S	1955/1956	160/175	10 Zentner	60	3	23/29
MD 685/MD 685 S	1958	250	Absack/Tank	120	4	56/62
MF 892	1960	265	20 Zentner	120	4	63/64
MF 30	1962	175	10 Zentner	60	3	29
MF 31	1962	185	15 Zentner	60	3	29
MF 86	1962	230	24 Zentner	81	3	45/51
MF 87	1962	250	24 Zentner	81	3	64
MF 500	1963	360	40 Zentner	114	6	96
MF 99	1965	265/285	32 Zentner	94	3	70
MF 510	1965	300/360	48 Zentner	114	6	96
MF 515	1965	420	48 Zentner	114	6	96
MF 186	1969	230	34 Zentner	81	3	58
MF 187	1969	250/300	34 Zentner	81	3	68
MF 487	1969	250/300/350	2500 Liter	107	5	80
MF 520	1971	300/360	3100 Liter	114	6	103
MF 525	1971	360/420	3100 Liter	114	6	103
MF 507	1973	300/360	40 Zentner	107	6	94
MF 307	1974	250	2300 Liter	81	4	76
MF 506	1976	300	2500 Liter	107	5	83
MF 760	1977	490/550	6340 Liter	152	6	170
MF 240	1979	250	2300 Liter	81	3	68
MF 440	1979	300	2300 Liter	107	4	83
MF 530	1979	300/360	3400 Liter	114	6	103
MF 560	1979	300/360	3400 Liter	114	6	120
MF 4802	1982	480	3900 Liter	85	4	110
MF 5502	1982	550	4400 Liter	103	4	120

	Erstes Baujahr	Schnittbreite cm	Korntank	Trommelbreite cm	Schüttler Anzahl	Motor PS
MF 487	1969	250/300/350	2500 Liter	107	5	80
MF 520	1971	300/360	3100 Liter	114	6	103
MF 525	1971	360/420	3100 Liter	114	6	103
MF 507	1973	300/360	40 Zentner	107	6	94
MF 307	1974	250	2300 Liter	81	4	76
MF 506	1976	300	2500 Liter	107	5	83
MF 760	1977	490/550	6340 Liter	152	6	170
MF 240	1979	250	2300 Liter	81	3	68
MF 440	1979	300	2300 Liter	107	4	83
MF 530	1979	300/360	3400 Liter	114	6	103
MF 560	1979	300/360	3400 Liter	114	6	120
MF 4802	1982	480	3900 Liter	85	4	110
MF 5502	1982	550	4400 Liter	103	4	120
MF 660	1982	360/420	5000 Liter	137	6	134
MF 330/MF 430	1983	260/300	2500 Liter	107	3	75/85
MF 810/MF 815/MF 820	1983	300/360	4600 Liter	114	4	114/133
MF 830/MF 835/MF 845	1983	360/420	5400 Liter	137	4	141/152
MF 865	1983	540	6340 Liter	152	6	170
MF 24	1984	320	3200 Liter	112	4	107
MF 27	1984	360	4200 Liter	140	5	130
MF 29/MF 31	1984	360/420	5200 Liter	140	5	153/170
MF 16	1986	260	2100 Liter	86	4	75
MF 20	1986	300	2500 Liter	105	4	85
MF 22/ MF 23	1989	310/340	3300 Liter	111	4	87/100
MF 25	1989	340	3700 Liter	111	4	120
MF 26	1989	340	4200 Liter	111	5	140
MF 28	1989	420	4600 Liter	111	5	185
MF 30/MF 32	1989	372/555	5200 Liter	140	5	150/175
MF 34	1989	435/555	6400 Liter	140	5	200
MF 38	1989	555/670	7900 Liter	168	6	220/240
MF 36RS MF 40RS	1989	430/675	7900 Liter	140/168	5/6	220/290
MF 7200 Serie	1999	370/770	5200/9500	140/168	5/6	165/325
MF Cerea 7278	2000	769	10500	168	8	350
MF Cerea 7274	2000	675	9500	168	8	307
MF 7200 Activa	2002	420/660	7000/7500	134/160	5/6	220/255
MF 7200 Beta	2002	480/660	8200/9000	134/160	5/6	275/305

	Erstes Baujahr	Schnittbreite cm	Korntank	Schüttler Anzahl	Motor PS
Mengele					
KM 120	1952	120	Absackstand	3	gezogen
KM 150	1952	150	Absackstand	3	gezogen
New Holland					
Clayson 100er Reihe	1966	260/350		4	79/140
Clayson 1520	1970	260/305	2000 Liter	4	72/75
Clayson 1530	1970	260/457	2600 Liter	4	98/105
Clayson 1540	1970	260/396	3200 Liter	4	115
Clayson 1545	1975	330/520	2900 Liter	4	120
Clayson 1550	1970	330/520	3500 Liter	4	145
Clayson S 1540 AL Hangmähdr.	1975	457	3200 Liter	4	125
Clayson S 1540	1975	305/457	3200 Liter	4	115
Clayson S 1545	1975	330/520	2900 Liter	4	120
Clayson S 1550	1975	365/520	3500 Liter	4	155
Clayson 8080	1979	396/609	6340 Liter	6	170/205
Clayson 8070	1979	335/609	5640 Liter	5	138/155
Clayson 8060	1980	335/518	4580 Liter	5	117/138
Clayson 8050	1980	305/396	3872 Liter	4	105/117
Clayson 8030	1983	260/365	2819 Liter	4	87/113
Clayson 8040	1983	305/365	3172 Liter	4	113/123
Clayson 8055	1983	335/396	4050 Liter	5	117/123
New Holland TF 42	1984	457/610	6340 Liter	6	200
New Holland TF 44	1984	457/610	7050 Liter	6	226/253
New Holland TF 46	1984	610/732	9150 Liter	6	280
New Holland TX 34	1986	365/518	6000 Liter	5	162
New Holland TX 30	1989	366/457	4930 Liter	4	140
New Holland TX 32	1989	366/518	5600 Liter	4	155
New Holland TX 36	1989	518/732	7700 Liter	6	240
New Holland TX 66	1994	518/732	8000 Liter	6	255
New Holland TX 68	1994	518/732	9500 Liter	6	280
New Holland TX 62	1995	365/610	6500 Liter	5	185
New Holland TX 64	1995	396/610	7200 Liter	5	205
New Holland TX 65	1995	475/610	7200 Liter	5	220
New Holland TX 63	1997	396/518	7200 Liter	5	206/226/238
New Holland TX 64 Plus	1997	457/610	7200 Liter	5	220/246
New Holland TX 65 Plus	1997	518/610	8000 Liter	5	246/261/281
New Holland TX 67	1997	518/732	8500 Liter	6	255/271

	Erstes Baujahr	Schnittbreite cm	Korntank	Schüttler Anzahl	Motor PS
New Holland TX 68 Plus	1997	518/915	9500 Liter	6	283/310/325
New Holland TX 63 RC	1997	396/518	7200 Liter	5	238
New Holland TX 65 CC	1997	396/610	8000 Liter	5	281
New Holland TX 66 CC	1997	518/732	8000 Liter	6	281
New Holland TX 68 CC	2003	518/915	9500 Liter	6	299
New Holland TC 52	1989	305/396	3455 Liter	4	110
New Holland TC 54	1989	305/457	3982 Liter	4	155
New Holland TC 54 Hydro Plus	1995	305/457	3982 Liter	4	155
New Holland TC 56	1989	366/518	4828 Liter	5	155
New Holland TC 56 Hydro Plus	1995	366/518	4828 Liter	5	155
New Holland TC 56 H	1997	365/457	5000 Liter	5	155/168
New Holland TC 56 M	2003	366/518	5200 Liter	5	170
New Holland L 518	1999	390/480	7000 Liter	5	196
New Holland L 520 MCS	1999	390/480	7000 Liter	5	196
New Holland L 523 MCS	1999	420/600	7000 Liter	5	235
New Holland L 525 MCS	1999	390/600	7000 Liter	5	235
New Holland L 625 MCS	1999	420/600	7500 Liter	5	270
New Holland L 625	1999	480/600	7600 Liter	5	235
New Holland L 627 MCS	1999	480/660	7500 Liter	5	270
New Holland L 523 Integrale	1999	420/600	6500 Liter	5	235
New Holland L 525 Integrale	1999	420/600	6500 Liter	5	250
New Holland L 627 Integrale	1999	480/600	6500 Liter	5	270
New Holland CX 720	2001	396/610	7600 Liter	5	218
New Holland CX 740	2001	396/610	7600 Liter	5	238
New Holland CX 760	2001	396/732	9000 Liter	5	258
New Holland CX 780	2001	457/732	9000 Liter	5	281
New Holland CX 820	2001	518/915	9000 Liter	6	281
New Holland CX 840	2001	518/915	9000 Liter	6	299
New Holland CX 860	2001	518/915	9000/10500 Liter	6	333
New Holland CX 880	2001	518/915	10500 Liter	6	374
New Holland CS 520	2003	366/518	6300 Liter	5	218
New Holland CS 540	2002	396/610	7000 Liter	5	238
New Holland CS 640	2002	457/732	7800 Liter	6	258
New Holland CS 660	2003	518/732	8800 Liter	6	281
New Holland CR 960	2003	518/915	9000 Liter	Rotoren	330
New Holland CR 980	2003	610/915	10500 Liter	Rotoren	425

	Erstes Baujahr	Schnittbreite cm	Korntank	Trommelbreite cm	Schüttler Anzahl	Motor PS
Sampo Rosenlew						
SR 500	1978	260/285	2100 Liter	86	4	64
SR 2010	1997*	150/230	1500 Liter	78	3	70
SR 2035	1997*	310/345	3300 Liter	111	4	100
SR 2045	1997*	310/390	3900 Liter	111	4	115
SR 2055	1997*	345/420	4200 Liter	111	4	120
SR 2065	1997*	390/450	4200 Liter	111	5	140
SR 2075 TS	1997*	420/480	4600 Liter	111	5	160
SR 2085 TS	1999	420/480	5100 Liter	111	5	185
SR 3045	2001	450/510	6000 Liter	133	6	175/200
SR 3065	2001	450/510	6000 Liter	133	6	200/220
SR 3085 TS	2003	510/630	8100 Liter	133	6	250

*Beginn des Vertriebs in Deutschland

Weitere Hersteller

Holthaus Maschinenfabrik AG, Dinklage i. Oldenburg

Den Kleinmähdrescher „Reform“ stellt Holthaus 1953 auf der DLG Ausstellung vor. Auf der Schnittbreite von viereinhalb Fuß können Stoppellängen von 5 bis 50 cm gemäht werden. Wird auf größere Stoppellängen gemäht, wobei die abgeschnittenen Halme mit den Ähren durch die Maschine gehen, kann im selben Arbeitsgang mit dem unter dem Schlepper angebrachten Mähwerk auf eine Stoppelhöhe bis 5 cm nachgemäht werden. Dieser Frontschnitt-Mähdrescher ist an der rechten Seite eines üblichen Schleppers mit dem Absackstand als Anhängevorrichtung und einer Anhängekupplung an der Ackerschiene angebracht. Angetrieben wird über eine Gelenkwelle von der Zapfwelle zur Dreschtrommel oder durch einen Aufbaumotor mit Keilriemen zur Dreschtrommel. Der komplett aus Stahl gefertigte rahmenlose Mähdrescher arbeitet mit drei Fingerschüttlern.

Holthaus Kleinmähdrescher „Reform“, hier ohne Haspel und Drehabteiler

H. Hummel Söhne, Ehrenstein-Ulm an der Donau

Die 1862 gegründete Landmaschinenfabrik, die sich schon mit Motor-Dreschmaschinen einen Namen macht, wird in den fünfziger Jahren bekannt durch die Entwicklung von Einachsschleppern und leichten Dieseltraktoren mit 10 und 12 PS. 1955 präsentiert Hummel auf der DLG Ausstellung einen 2050 kg leichten gezogenen Mähdrescher mit 150 cm Schnittbreite und Einbaupresse.

LFE Landmaschinenfabrik Essen GmbH

Ein weiterer kleiner Mähdrescher mit 150 cm Schnittbreite, der ebenfalls 1955 zur DLG Ausstellung geschickt wird, um dort Karriere zu machen, ist der „Aktiv" aus Essen. Der Aktiv, der als Zugkraft eines 25 PS Schleppers bedarf, wird zum Preis von 7 400 DM angeboten. Zusätzlich ist eine Lagermähvorrichtung lieferbar, für die 360 DM extra berechnet werden.

Petermann Werke Karl Schulze, Warendorf

Dieses westfälische Unternehmen ist in den fünfziger Jahren insbesondere für Dreschmaschinen bekannt. Aber auch Rübenerntemaschinen, Schlepper-Anhängeroder oder Drehrostrodepflüge gehören zum Herstellungsprogramm. 1953 kommt der Klein-Mähdrescher „Favorit" hinzu, der wahlweise mit oder ohne Strohpresse geliefert wird. Die Schnittbreite beträgt 120 cm. Zum Antrieb wird ein Schlepper mit mindestens 25 PS benötigt.

Speiser Landmaschinen AG, Göppingen

Die traditionsreiche, bereits 1864 gegründete Landmaschinenfabrik präsentiert in den fünfziger Jahren ein Versuchsmodell: Einen auf einen Unimog aufgesattelten Mähdrescher, der allerdings nie in Serie geht. Speiser gründet 1964 eine Vertriebsgesellschaft für Landmaschinen, in der noch heute unter anderen Miststreuer, Druckfässer, Transportanhänger, Ballenpressen, Heuerntemaschinen und Weidemulcher vertrieben werden.

Speiser Versuchsmodell: Auf Unimog gesattelter Mähdrescher

Gustav Unkel Landmaschinenfabrik, Gunzenhausen

Der für Breitdreschmaschinen und Umkehrdrescher bekannte Hersteller bringt 1953 den Kleinmähdrescher „Piccolo" auf den Markt, der mit Zapfwellenantrieb, zweifacher Wind- und einfacher Siebreinigung, Vorschüttler und Finger-Nachschüttler arbeitet. Als Sonderausrüstung sind ein rotierender Halmteiler und eine Pickup-Vorrichtung lieferbar.

Weitere Bücher unseres Verlages

Fordern Sie unser Gesamtverzeichnis an, das wir Ihnen kostenlos und unverbindlich liefern mit Büchern über Autos, Motorräder, Lastwagen, Traktoren, Feuerwehrfahrzeuge, Baumaschinen und Lokomotiven:

Verlag Podszun Motorbücher GmbH
Elisabethstraße 23–25, 59929 Brilon
Telefon 02961-53213, Fax 02961-9639900
Email info@podszun-verlag.de
www.podszun-verlag.de

Die Mähdrescher in Deutschland in drei Bänden: Band 1: Bautz, Claas, Dechentreiter, Fahr (Deutz-Fahr), Fella und Fendt.

136 Seiten, 305 Abbildungen
28 x 21 cm, fester Einband
Bestellnummer 315 EUR 24,90

Mähdrescher-Marken in Band 2: Fiatagri (Laverda), Fortschritt (MDW), International (Case IH) John Deere und Ködel & Böhm.

160 Seiten, 333 Abbildungen
28 x 21 cm, fester Einband
Bestellnummer 406 EUR 24,90

Ungewöhnliche Einsatzfotos von allen MB-trac Baureihen bei der Arbeit in der Landwirtschaft.

120 Seiten, 225 Abbildungen
28 x 21 cm, fester Einband
Bestellnummer 423 EUR 24,90

Präsentation einer einzigartigen Sammlung von Fotografien aus den besten Jahren des Lanz Bulldog, dem Nobel-Traktor.

170 Seiten, 350 Abbildungen
28 x 21 cm, fester Einband
Bestellnummer 479 EUR 29,90

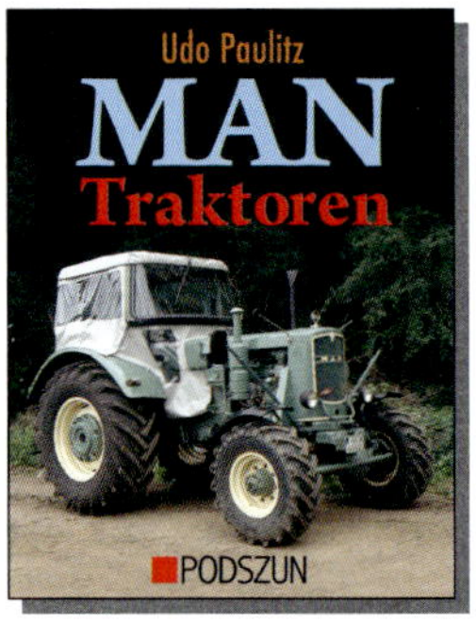

Alle Traktoren dieser legendären Marke mit technischen Daten und vielen erstmals veröffentlichten Fotos.

160 Seiten, 360 Abbildungen
28 x 21 cm, fester Einband
Bestellnummer 473 EUR 29,90

Umfassende Chronik aller Traktoren der berühmten Marke Kramer, von den Anfängen 1925 bis zur Einstellung.

160 Seiten, 330 Abbildungen
28 x 21 cm, fester Einband
Bestellnummer 410 EUR 24,90

Die spannende Geschichte des Primus-Traktorenbaus mit ausführlicher Typologie und vielen bisher unbekannten Fotos.

152 Seiten, 310 Abbildungen
28 x 21 cm, fester Einband
Bestellnummer 347 EUR 24,90

Die komplette Eicher-Story: Völlig überarbeitete und erweiterte Neuauflage der Erstausgabe von 1996.

222 Seiten, 420 Abbildungen
28 x 21 cm, fester Einband
Bestellnummer 381 EUR 29,90

Entwicklung und Funktionsweise der Anbaugeräte sowie die Hersteller mit ihren wichtigsten Geräten in Wort und Bild.

152 Seiten, 550 Abbildungen
28 x 21 cm, fester Einband
Bestellnummer 441 EUR 29,90

Die frühe Zeit der Maschinen und Geräte auf dem Feld anhand seltener Originalprospekte und anderer Dokumente.

144 Seiten, viele Abbildungen
29 x 21 cm, fester Einband
Bestellnummer 323 EUR 19,90

Hier wird gezeigt, mit welchen Maschinen und Geräten auf dem Bauernhof in früherer Zeit gearbeitet wurde.

136 Seiten, viele Abbildungen
29 x 21 cm, fester Einband
Bestellnummer 308 EUR 19,90

Belarus aus Minsk, Zetor aus Brünn, Ursus aus Warschau, Kirowetz aus Leningrad, Nati, Roter Stern und viele andere.

128 Seiten, 300 Abbildungen
28 x 21 cm, fester Einband
Bestellnummer 455 EUR 24,90

Pionier, Brockenhexe, Rübezahl, Maulwurf, Urtrac usw.: Lückenlose Chronik aller in der DDR gebauten Schlepper.

136 Seiten, 310 Abbildungen
28 x 21 cm, fester Einband
Bestellnummer 348 EUR 19,90

Eylert Wuppertal, Aral-Autozüge und -tankwagen, Testfahrer bei Borgward, Borco-Höhns Verkaufswagen

144 Seiten, 280 Abbildungen
24 x 17 cm, Leinenbroschur
Bestellnummer 461 EUR 14,90

Zweiwege-Bagger, Bauma 07, Abbruchspezialisten, Ruthemeyer-Dampfwalzen, Ahlmann-Baumaschinen u.a.

144 Seiten, 280 Abbildungen
24 x 17 cm, Leinenbroschur
Bestellnummer 463 EUR 14,90

Dexheimer Traktoren, Rübezahl von LHB, Zirkus Krone, Bulldogs, Diesel-Schlepper, Lindner Geotrac u.a.

144 Seiten, 280 Abbildungen
24 x 17 cm, Leinenbroschur
Bestellnummer 460 EUR 14,90

Unitrac, Das Urgetriebe des Unimog, Unimog U20, Ausstellung „Feuerwehr", Unimog im Forsteinsatz u.a.

144 Seiten, 280 Abbildungen
24 x 17 cm, Leinenbroschur
Bestellnummer 464 EUR 14,90

Filmerlebnis der unterschiedlichsten Maisernteverfahren mit Maschinen von Claas, Deutz, Fendt, MB-trac, John Deere und anderen.

DVD, 60 Minuten
Bestellnummer 491 EUR 19,90

Die Claas-Historie und alle Maschinen und Geräte im Einsatz: Mähdrescher, Häcksler, Traktoren u.a.

168 Seiten, 440 Abbildungen
28 x 21 cm, fester Einband
Bestellnummer 387 EUR 24,90

Anhand ungewöhnlicher Einsatzfotos zeichnet Oliver Aust die traditionsreiche Geschichte der Deutz-Traktoren nach.

144 Seiten, 340 Abbildungen
28 x 21 cm, fester Einband
Bestellnummer 346 EUR 24,90

Mit unzähligen Fotos von Fendt-Schleppern im Einsatz dokumentiert der Autor die Zeit von etwa 1970 bis heute.

144 Seiten, 395 Abbildungen
28 x 21 cm, fester Einband
Bestellnummer 355 EUR 24,90

Die jahrzehntelange Geschichte des größten Erfolges der Landtechnik, des Fendt GT, wird umfassend dargestellt.

144 Seiten, 500 Abbildungen
28 x 21 cm, fester Einband
Bestellnummer 418 EUR 24,90

Michael Schauer stellt Miststreuer und Güllewagen ausgestattet mit den modernsten technischen Systemen vor.

144 Seiten, 300 Abbildungen
28 x 21 cm, fester Einband
Bestellnummer 475 EUR 19,90

Die spannende Technik aller deutschen Holzgastraktoren mit vielen Abbildungen und technischen Daten.

176 Seiten, 360 Abbildungen
28 x 21 cm, fester Einband
Bestellnummer 417 EUR 29,90

Das zweite Unimog Prospekte-Buch mit Original-Prospekten, die den Unimog in unzähligen Einsatzbereichen zeigen.

128 Seiten, viele Abbildungen
29 x 21 cm, fester Einband
Bestellnummer 458 EUR 19,90

Rottne, Pfanzelt, HSM, Burger, Kockums, Komatsu, Ponsse, Valmet, Atlas-Kern, Pinox Oy, Caterpillar, Terex Fuchs u.a.

160 Seiten, 420 Abbildungen
28 x 21 cm, fester Einband
Bestellnummer 453 EUR 29,90

Skogsjan, Eco Log, MHT, Log Max, Kotschenreuther, Welte, Logset, FMG, Timberjack, John Deere, Gremo, Preuss, Case u.a.

168 Seiten, 380 Abbildungen
28 x 21 cm, fester Einband
Bestellnummer 454 EUR 29,90

Lastwagen und auch Traktoren und Unimogs der aktuellen Fahrzeugsysteme im Lang- und Kurzholzbereich.

144 Seiten, 360 Abbildungen
28 x 21 cm, fester Einband
Bestellnummer 471 EUR 24,90